上海市教育委员会科研创新计划资助

Niente è impossibile
Viaggiare nel tempo, attraversare i buchi neri
e altre sfide scientifiche

穿越不可能
黑洞与时空旅行

[意] 卡西莫·斑比◎著

杨 溢◎译

张鑫哲 梁秋月◎校

Impossible is Nothing

复旦大学出版社

自序

一本关于（不）可能的书

这是一本关于（不）可能的书，其中有在广袤宇宙中的其他类地行星上的各种外星动植物，有在时间旅行中能遇见的其他时间的自己，有四维世界中的我们无法感知的其他维度，也有速度超越光速的以不同方式生活的生命。

若干年前的某广告告诉我们，没有不可能（impossible is nothing）。或许在某一个时刻，当我们饶有兴致地在高速出口的巨型广告牌上或电视广告里看到这句话时，我们选择了相信。然而，从创世之初，我们就早已知道我们的思维有着无法逾越的界限。如同赫拉克勒斯（Hercules）之柱，在那之外不再是理性思考的疆域，而是文学想象、电影幻想开始的地方，是我们想象中的机器人梦见电子羊的地方。告别童稚时代后，我们就获得了这样一种观念：现实世界和可能性世界都是有边界的，不涵盖在这些边界内的一切都是不存在的。从"执行探索新世界任务"的星际飞船到其他星球上的陆地殖民地，包括圣诞老人，无一例外。白须满面的哲学家和富有远见的科学家竭尽了全力定义这个领域，以期为人类提供一个可以被我们的理性所包容和衡量的世界——有时通过扩大其空间，有时通过缩小其空间。

然而，如果我们试着去寻根究底，对于今天的我们来说，什么是不可能呢？50年前仅在电影里出现的大部分事物，如今已成为我们日常生活的一部分，有些我们甚至经常可以将其舒适地装在口袋中。在西伯利亚大草原已经消失几万年的史前生物被克隆出来；我们创造的人工智能似乎比我们最好的朋友更像人类，并且以越来越匪夷所思的方式超越了我们；几年前还仅存在于科幻反乌托邦世界中的机器人如今只需轻击鼠标便可送货上门。

实际上，不可能的概念一直伴随着科学研究的前沿在发展。1915年底，当爱因斯坦向世界宣布广义相对论时，对于当时的普通人而言，弯曲时空等概念以及引力场中的时钟变慢等现象无异于痴人说梦，充其量只能作为某些报刊小说的论据。但事实上，这些理论牢固地立足于几个世纪以来的问题和发现，由一个拥有可能超越一切前人智慧的科学家凭其几十年的研究，思考、孕育而成。从欧洲核子研究中心到马克斯·普朗克研究所、从费米实验室到卡文迪许实验室、直到复旦大学，这些引领着物理研究前沿领域发展的机构每天都有令人震惊并为之陶醉的研究和发现，这些研究和发现不断突破普通人可接受的认知边界。

这本书旨在利用科学的武器，探索疑云密布的"不可能"领域，甄别哪些是习以为常的认知谬误，哪些又是看似荒诞但真实存在的现象；哪些纯属科幻题材，哪些又具有现实可能性（或者至少是无法被当代物理学先验排除的可能性）。

在本书中，我将要探讨的"不可能"现象有一部分是从电影和书籍的想象发明中汲取的灵感，它们不尽相同。它们中的第一类是那些根据我们的生活经验难以相信的现象，但这些现象无疑是真实存在的，并可以通过理论预测、通过实验数据来验证。例如，在不同的运动参考系下，时间以不同的速度流逝，便属于这一类现象。第二类是理论不排除的一系列现象，但它们的实现需要特定的条件，这些条件在本质上可能无法满足，或者违反某些基本原则。最具有代表性的例子，正如我们在本书中即将探讨的时空旅行。根据广义相对论，时空旅行是可预见的，但是它违反了因果定律。第三类是尽管不能通过广义相对论来预测，但根据目前的实验数据不能被排除的现象。如果考虑广义相对论的拓展，这类现象或许能得以实现。这些现象中包括快子，即在真空状态中速度高于光速的物质粒子。第四类是那些完全有悖于观测数据的现象，它们纯粹地存在于想象叙事中。实际上，现代科幻小说也试图避免这些情况，在本书中我仅一笔带过。

在本书中，我将探讨黑洞、第五维度、时空悖论、宇宙中的生命、宇宙的起源、时空曲率。围绕这些现象，物理学找到了它的表达形式，并在不停地寻找新的形式，有时甚至是以一种颇具争议的方式进行表达——因为每一个理论和模型都被认作是不可更改的，直到新的理论能通过科学方法和实验得以证实，从而说服科学界，并将替代旧的理论。因此，在每章的结尾，我将对每种不可能的假设之"可能性"以及使之成为可能的必要条件给出结论。

我仅怀着谦卑之心，希望通过本书带领大家跨越当代物理学的奇妙大陆，更希望寻求使我们持续为之震惊的乐趣；因为没有什么比不可能变成现实更令人惊叹了。

目录

1 宇宙中有生命吗？

　　欢呼雀跃的人群聚集在帝国大厦的顶层。人群中有老迈的嬉皮士、有举着欢迎牌的热血青年、还有些人是来看热闹的，因为他们实在不想错过这个也许是人类历史上最激动人心的时刻。只见那位于建筑物上方数百米处的太空飞船纹丝不动，其直径足有十几个足球场那么长。外星人会出现吗？它们会乘着光束下来和我们相见吗？它们长什么样呢？是否会像电影里想象的那样？人们兴奋地尖叫着，等待着巨型飞船的降落。飞船的腹部缓缓张开，一束蓝色磷光从飞船上散发出越来越强烈的光芒。人群屏息凝视着从天际降落的形似巨型雌蕊的物体。是它们吗？它们终于要来了吗？突然，从飞船的凸起部分顶部放射出一道电光。人们无法移开他们的视线，蓝光映照在他们的皮肤上，他们的瞳孔中隐约透出一丝恐惧。这群满心好奇的看客们还没来得及反应过来是怎么回事，一道令人生畏的能量束就已经释放到了建筑物上，并将之完全摧毁。大厦周围数公里范围的一切事物，包括围观的人群，都随之一起化为灰烬。同样的场景也轮番出现在白宫、世贸双子塔、自由女神像以及巴黎、伦敦、罗马、莫斯科、洛杉矶和其他多个城市的历史地标建筑上。显然，外星人此番来者不善。

1996 年上映的由罗兰·艾默里奇（Roland Emmerich）执导的电影《独立日》(*Independence Day*)，用这种令人惶惶不安却又引人入胜的方式，回答了"我们是否孤独存在于宇宙"这一问题。这种疑惑从人类诞生伊始，或至少是从近代开始，便萦绕在我们的心头。

既然地球上存在生命，那么在银河系中其他天体系统内的行星上，甚至那些距离地球数百万光年的其他星系中，是否也有可能存在生命呢？通常，我们关心的并不是其他星球上是否可能存在普通生命形式，我们更关心是否存在智慧生命形式。我们幻想着宇宙中存在类似于我们的文明，甚至希望有比我们科技更为发达的文明。以我们的星球为例，最初相似的动植物在经历分化后，便以不同的方式进化。每个物种都会适应于自己的环境进化，而不会适应其他环境。所以，我们想象中的外星智慧生命，为了适应不同的环境、解决不同的问题，应该有着和我们不一样的外表。他们开发的科技也应是不同的。与其他星球上的先进文明相遇是科幻小说和电影中经常出现的主题。

在很多情况下，就像在艾默里奇的电影中那样，外星人都是心怀恶意、处心积虑地想要入侵地球（当然，这和人类一直想要征服他人的领土也没什么实质的差异）。这类主题的作品不胜枚举。在最初有关外星人入侵的文学创作中，最著名的莫过于英国作家赫伯特·乔治·威尔斯（H. G. Wells）于 1898 年创作的科幻小说《星际战争》（*The War of the Worlds*）。小说讲述了维多利亚时代的大英帝国被好战的火星人入侵的故事。火星人驾驶着巨型三脚战斗机器向迷茫的英国民众投射热光和毒烟。正在人类被打得落花流水、一切都即将土崩瓦解之际，惊人的事情发生了。灭顶之灾向外星人悄然袭来，而它们的克星竟然是它们无法适应地球上最"卑微"的生物——细菌。在2013年由约瑟夫·科辛斯基（Joseph Kosinski）创作、执导和制作，汤姆·克鲁斯（Tom Cruise）主演的电影《遗落战境》（*Oblivion*）中，外星人为侵略地球设计了更为精密的计划。它们借助克隆人的力量，利用巨型机器企图抽干地球上的所有水资源。最终，幸存在地球上的人类反抗军战胜了外星人。

在许多情况下，外星人入侵虽然属于科幻小说的文学范畴，却被当作批判西方社会的隐喻。这类作品隐晦地批判了利用技术优势强占他人领地的欧美殖民政策，以及西方社会对自然资源的无节制消耗。在这种情况下，随着资源的消耗殆尽，他们又不得不去他人的地盘寻找尚未开采的矿产。有关外星人的题材还有另一种表现形式——人类才是处心积虑想靠武力征服其他星球的反派。由詹姆斯·卡梅隆（James Cameron）创作和执导、于2009年上映的备受推崇的电影《阿凡达》（*Avatar*）就是这样一个例子。在电影里，地球已经是一个人口过剩的星球，人类已经耗尽了所有的自然资源，能源供应严重短缺。而一种叫"Unobtanium"的超导矿石，或许是解决这一切问题的关键。于是，地球上的资源开发管理总署把目光投向潘多拉星球。潘多拉是半人马阿尔法星系内的巨型气体行星波吕斐莫斯的一颗卫星，星球上有着丰富的 Unobtanium 矿石资源。而潘多拉星球最主要的 Unobtanium 矿层之一恰恰在纳威人（一种约 3 米高的蓝色类人生物）的栖息之地。为了将纳威人驱逐出他们的领地，资源开发管理总署可谓无所不用其极。电影无疑影射了欧美殖民主义。

在其他情况下，外星人完全是怀着和平之心来到地球，有时只是出于研究我们的星球以及地球的生态系统为目的。著名的《外星人》(*E. T. The Extra-Terrestrial*) 就是这样一部电影。这部由史蒂芬·斯皮尔伯格（Steven Spielberg）执导和制作的电影，在 1982 年上映后获得了巨大成功。在影片中，一艘外星飞船降落在加利福尼亚州的一片森林中。外星人此行的目的是采集地球的植被样本。然而，它们的行迹却被联邦特工发现，它们乘着飞船仓皇而逃，却不小心把一位同伴遗忘在地球上。电影讲述了这位留在地球上的外星人的故事。9 岁小男孩艾里奥特（Elliott）发现它之后，偷偷将它收留在家，并帮助它和它的同伴们再次团聚。

还有一些叙事和电影作品设定其他星球上存在智慧生命形式，并假设由不同星球的居民共同组成的未来社会——就像在今天的地球上来自不同大陆的人构成的多种族社会一样。最著名的例子莫过于《星球大战》(*Star Wars*) 系列作品。在《星球大战前传 1：幽灵的威胁》(*Star Wars: The Phantom Menace*) 中，来自银河系各大星球的代表齐聚科洛桑（Coruscant）的银河议会。在《星际迷航》(*Star Trek*) 中，同一艘星舰的船员由人类和外星人共同组成，比如柯克（Kirk）船长和瓦肯人斯波克（Spock）同舟共济，皮卡德（Picard）船长的船员包括克林贡人沃尔夫

（Worf）以及生化人达塔（Data）。他们在执行任务的过程中邂逅了完全不同的生命形式。在 1997 年巴里·索南菲尔德（Barry Sonnenfeld）执导、汤米·李·琼斯（Tommy Lee Jones）和威尔·史密斯（Will Smith）主演的电影《黑衣人》(*Men in Black*)中，来自不同星球、外表截然不同的外星人化作人类的模样，和平地生活在地球上，并从事着极为普通的工作。

关于可能存在的外星生命形式的起源、它们的演变以及其在宇宙中的分布的研究，在如今已经成为一门交叉学科（被称作"天体生物学"）。它不仅涉及天体物理学、生物学和地球科学，还涉及电子信息学和社会学。关于观察外星生命可能性的最初科学推测，可以追溯至 19 世纪末。1877 年，乔瓦尼·维珍尼奥·夏帕拉雷利（Giovanni Virginio Schiaparelli）在使用望远镜对火星进行观测后，发现了该行星表面上存在某种特殊结构。他将其命名为"水道"，并假设其是由火星居民建造的人造结构。直至 20 世纪 60 年代，人类发射的飞行器首次登上火星后，这种推测才被推翻。原来这些"水道"并不是人造的，火星上并没有火星人。

20 世纪初，随着无线电接收机和射电望远镜的发展，人类开始更加系统地寻找可能的外星生命形式。1960 年，在美国天体物理学家弗兰克·德雷克（Frank Drake）的倡导下，搜寻地外文明计划（Search for ExtraTerrestrial Intelligence，SETI 计划）应运而生。该计划旨在识别来自太阳系以外的外来文明的可能信息，同时向太空中发送我们的信号，以期被其他地外文明接收。SETI 计划广泛使用了位于波多黎各的阿雷西博射电望远镜。

1974 年，阿雷西博射电望远镜向 2.5 万光年外的 M13 星团发送了一段长约 3 分钟的无线电信号。该信号集成了人类文明的基本情况（如人类基因的化学式、人类外形的示意图等）以及太阳系的天体分布。基于任何高级文明都应该熟悉数字系统这一假设，整段信息由二进制代码编写。迄今为止，我们未收到任何来自外星球的回应。

相较于物理学，地外智慧生命的存在性命题似乎更符合生物学和社会学的研究范畴，但是物理学也可以为之提供新的角度。

那么，物理学在这个问题上能发挥多大的作用呢？我们从一个简单的事实开始。人类习惯于将地球上的生命视作是理所当然的，但实际并非如此。事实上，只有在像地球这样宜居的环境下，生命才可以完成从简单形式到更高级形式的进化。此外，物理学，尤其是物理学中的一些基本常数数值，对于宇宙中是否可能存在生命起着基本作用。这些常数包括电子电荷常数、牛顿的万有引力常数等。

最初的宇宙是一大片由微观粒子构成的气体，其温度极高、密度极大。随着宇宙空间的不断膨胀，温度也相应下降。大爆炸后约 3 分钟，宇宙中出现了氘元素，并开始了原初核合成。当时，如果某些基本常数的数值略有不同，那么氘核会随之失去稳定性，原初核合成无法进行，今天的我们也就不会存在了。如果牛顿的万有引力常数比现在的数值大得多，那么宇宙的膨胀率就会更大，我们今天看到的结构也不会形成了。这些结构中包括对于生命发展必不可少的具有行星的恒星系统。如果电磁力和核力与我们所了解的不同，则元素的特性也将有所不同，生命是否还有可能存在也就不得而知。综上所述，物理学的基本定律允许宇宙中生命的存在，这简直就是奇迹。更有可能的是，由大爆炸形成一个由粒子和辐射组成的不适宜居住的宇宙，其中任何一个复杂的化学分子都无法存在。

基本物理学能够允许宇宙中存在生命形式这一事实着实令人惊讶，以至于需要寻求解释。有人试图用所谓的"人存原理"来回答这个奥秘：正是因为物理允许了宇宙中尤其是地球上生命的存在，我们才能够在这里提出为什么宇宙中生命可以存在的问题。如果宇宙是任何其他样式，我们将不复存在，也没有任何人会作出这种思考。因此，人存原理并没有提供一个真正的答案，它承认我们的存在本身已经是非同寻常的，允许我们所在的宇宙诞生的物理学也应如是。寻求一个更合理的解释只是徒劳。对于任何一个有宗教信仰的人而言，物理恰恰是能够允许宇宙中存在生命的那样绝非偶然事件，这个奇迹是神明的旨意。

还有一个不同的答案来自某些宇宙学模型。根据这些模型，每个宇宙都是在物体的引力坍塌之后形成的黑洞内产生的。在这些模型中，有无数的宇宙共存和扩散，并不断形成新的黑洞。不同的宇宙具有不同的基本常数，因此，如果每个宇宙确实具有不同的物理特性，那么在为数众多的宇宙中，总会找到能够允许生命形式存在的具有"正确"物理特性的宇宙。由此可见，我们正幸运地处于这样一个"正确"的宇宙中，而在其他不宜居的宇宙中，任何生命形式都是不可能存在的。目前，我们尚不清楚是否可以通过某种实验对这种情况进行验证，这种假设或许注定成为理论物理学和哲学之间的纯粹推测。

我们从人类自身的经验得知宇宙中生命的存在是可能的。那么我们自然而然会联想到宇宙中是否存在其他的智慧生命，以及我们能否与它们取得联系。考虑所涉及的距离以及我们无法超过真空中的光速这一事实，与外星智慧生命取得联系显然不是那么容易。在这本书的后面我们将讲到：如果我们未来的太空飞船永远无法超过光速，在银河系内以及不同星系间的星际旅行将无法成为现实。因为这对于地球上的人来说，需要等待数千年甚至数百万年的时间。这不仅限制了生命体的直接旅行，也限制了和外星文明的交流。当然，我们可以通过以光速传播的信号进行交流，但也只限于此。

我们可以预想到任何一种文明，无论是地球文明，还是其他星球的文明，都会在有限的时间内诞生和毁灭。我们的文明已经存在了数千年，或许仍然可以存在数千年。

然而，总有一天地球上的资源会枯竭，地球的居民最终可能会像复活节岛的居民那样沦落。18世纪在复活节岛的居民将岛上的树木砍伐殆尽后，他们甚至找不到足够的树木来建造船只迁徙到其他宜居的地方。许多科幻小说和电影中假设战争或污染将终结我们的文明，这是完全可能发生的。关于全球变暖的预测也令我们惶惶不安，目前看不到任何变化的趋势。如果每个由智慧生命组成的文明平均寿命为几千年（这种计算是完全符合情理的），那么我们很容易意识到我们并没有足够的时间与其他外星文明进行交流。即使借助于以光速传播的信号进行通信，我们也只能在10万年后才能抵达银河系遥远地区的假想文明，在250万年后才能抵达仙女座星系的假想文明，更不用说其他距离更远的中型或大型星系了。

当其他文明收到我们的信号时，我们可能已经不复存在。

但是，存在适合发展智慧生命形式的行星的"概率"是多少呢？科学界内部没有统一的答案。当然，我们的宇宙很大，其中有许多恒星系统，因此可以预期存在适合发展智慧生命的行星是完全合理的。在可见的宇宙中，有超过一万亿个星系，并且可以估算出每个星系中平均有一万亿颗恒星。尽管并非所有恒星都具有环绕其运行的行星，但毫无疑问，宇宙中拥有数量可观的行星。在如此大的基数上，其中的某些行星存在生命也是很有可能的。

不过，宜居行星需要符合一系列非常特殊的条件，因此非常罕见。按照我们今天的认知，行星必须具有大气层和磁场才能支持生命的存在。在太空中，有机分子会立即被紫外线、X 射线和伽马射线破坏。地球的大气层阻挡了这些对生物极为有害的高空辐射，使其无法抵达地面。而我们的磁场对于定期轰炸地球的宇宙带电粒子也有类似的效果。一颗行星与其围绕的恒星之间的距离，以及那颗恒星的性质，都是关系到该行星是否可以居住的关键要素。例如，距离恒星过近的行星将具有过高的表面温度，大气层会随之蒸发。水星就属于这种情况，它距离太阳那么近，其自身质量又那么小，因此水星上没有大气层。此外，太大的恒星，如蓝超巨星，会在数百万年内耗尽其核燃料，行星上生命的诞生需要有比这更长的时间。地球大约有 40 亿年的历史，我们可以从中大致了解生命形式发展所必需的时间量级。

最后，针对地外文明存在性的问题，来自意大利罗马的诺贝尔物理学奖获得者恩利克·费米（Enrico Fermi）揭出了所谓的"费米悖论"。如果在我们的星系中确实存在拥有如此先进科技的地外文明，为什么至今它们都没有和我们取得联系呢？最简单的答案显然是它们并不存在。费米悖论不是物理学通常意义上的悖论。尽管对于费米而言，这可能是最自然的答案，但不能理所当然地把它当作正确的答案。正如我已经强调的那样，最本质的问题可能是物理学阻挡了我们接触遥远行星上的文明，因为所涉及的距离实在是太远了。此外，每个星系都有大约1万亿颗恒星，在其中寻觅拥有先进文明的行星无异于大海捞针。

关键在于我们是否真的有兴趣与拥有先进科技的外星文明相遇呢？回顾人类历史，当拥有先进科技的文明与科技没那么发达的文明相遇时，后者总是吃亏的那一个。在北美大陆，欧洲殖民者将土著赶尽杀绝并将其驱逐至保留地。同样的事情发生在中美洲和南美洲，拥有上千年历史的阿兹特克文明、印加文明和玛雅文明就此湮灭。难逃悲惨命运的还有澳大利亚和新西兰的原住民。

在电影《独立日》中，当欢呼雀跃的人群看到外星人那赛璐珞般的非人类皮肤时，才意识到与外星人的相遇可能并不是我们想象的那样。在真实的情况下，成为外星人的猎物是一种现实的风险，相反，如同电影中在和外星人的冲突中取得圆满结局的概率可能就没有那么大了。

对于科技比我们更为发达的外星文明而言，我们将是原始物种。因此可以推测，它们无意浪费资源和时间与我们成为朋友。它们既然拥有在星际间快速穿梭的能力，我们又有什么能为之所用呢？它们唯一感兴趣的或许是我们的星球以及星球上的自然资源，也许它们已经耗尽了自己星球上的资源，也许它们的星球已经人口过剩而需要寻找其他的领土。如果真是这样，那外星人必须得加快步伐，因为我们正在竭尽所能"交付"给它们一个环境极为恶劣的星球。

结论

小说和电影里时常有这样的虚构场景，邪恶的外星人入侵地球，抑或是来自不同星球的智慧生命构成了"大都会"文明。从物理学的角度来说，宇宙中智慧生命的存在必然是可能的，人类的存在便是最好的例证，我们也没有理由排除其他星球上智慧生命存在的可能性。但不可否认的是，尽管在我们看来一切理所当然，但人类的存在本身就是一个奇迹。只要某些基本常数的值略有不同，整个宇宙便不再适宜任何生命体的存在。

关于能否和拥有先进科技的外星文明取得联系就是另外一回事儿了。我们在之后的章节会讨论，最主要的问题在于通信信号的传输和未来太空飞船的最大速度。如果缺乏进行星球之间和星系之间旅行的物质条件，而所涉及的距离是如此之遥远，以至于人类至多可以铤而走险地去了解已经灭绝的文明。我们也有可能让其他文明了解我们，只是那时候或许我们已经不复存在。

2 生活在不同的时间

在一片漆黑的森林中，大卫（David）迷茫而困惑地站了起来。他一定是在坠入森林的时候失去了意识，茫然不知过了多少时光。他呼唤着和他一起进入森林的爱犬，却不见其踪影。他决定启程回家。天色已暗，父母一定特别担心。他像每天一样，沿着火车铁轨行走，翻身越过篱笆，可家门迟迟未开。他开始不耐烦地敲门，大喊着弟弟杰夫（Jeff）为他开门，毕竟他当时是为了追赶弟弟，才不小心迷失在森林的。门终于开了，眼前却是一位素未蒙面的老太太。"您是？"满怀疑惑的大卫问道。"你是谁？"老太太也是满脸的疑惑。"我是大卫，我住在这里。""我想你应该是弄错了。"语罢，老太太便以手阖门。面色苍白的大卫阻止了她，"我的妈妈在哪里？"老太太同情地看着他，"我不知道，哎，你迷路了……"大卫冲进屋子，却发现一切都改变了，任凭他大喊"妈妈！爸爸！"也不能改变房子现在已经属于另一对夫妇的事实。震惊和沮丧过后，大卫最终还是妥协了。他呆坐在一楼的台阶上，噙着泪花喃喃自语，"谁能告诉我，我的妈妈和爸爸在哪里？"

大卫不可能知道的是，几小时前他的确是从这扇门走出的，只是与此同时 8 年已过，他的家人也已经搬走。由迪斯尼公司于 1986 年拍摄、兰德尔·克莱泽（Randal Kleiser）执导的电影《领航员》（Fight of the Navigator）讲述的便是这位 12 岁的小主人公大卫·弗里曼（David Freeman）的冒险历程。一艘外星飞船绑架了在森林里追逐弟弟的大卫，并带着他完成了从地球到菲伦星球之旅。对于小主人公而言，这段旅程是在相对较短的时间内完成的，回到家中后的他几乎和被绑架时没有任何变化，但地球上已经过去了 8 年。他的弟弟如今比他还大，当时竭尽全力寻找他的父母决定离开当初儿子凭空消失的伤心地。大卫的回归惊动了美国太空总署，他们把大卫带去实验室进行研究，以寻找神秘外星绑架者的蛛丝马迹。一系列事件随之发生，这位命途多舛的小星际旅行者再次陷入险境。

美国作家罗伯特·海因莱因（Robert Heinlein）在 1956 年的科幻小说《探星时代》（Time for the Stars）中也描述了类似的情况。小说中，长程基金会（Long Range Foundation）是一个非盈利组织，提供资金探索可居住的星球以供人类殖民。基金会招募拥有心电感应能力的人担任探索星舰的成员。因为一些双胞胎可以通过心电感应进行沟通，而且这种沟通是即时的，也不受距离影响。这似乎是当星舰抵达数光年以外后唯一可以与地球传递信息的方式。小说的主人公汤姆·巴特雷（Tom Bartlett）与派特·巴特雷（Pat Bartlett）正是一对具有此天赋的双生兄弟。汤姆登上星舰开启了探索之旅，而派特则留在了地球上。由于留在地球上的派特老化速度更快，两人的心灵连结逐渐弱化，直到有一天汤姆发现再也无法和地球取得联系。但是情况很快有了转机，汤姆发现他能够和派特的子孙持续建立心灵沟通，他便开始与和他处于相同年龄的侄女、侄孙女、侄曾孙女进行沟通。汤姆最终回到了地球，他的兄弟已辞世多年，而他竟与长期保持心灵沟通的侄曾孙女喜结连理并重返太空。小说的结尾不禁令人咂舌。

《领航员》和《探星时代》的情节都建立在一个我们日常生活中不习惯的现象上，即时间的流逝取决于个人的运动。这对于我们而言，似乎有些匪夷所思。

为了理解我们在说什么，让我们先回到相对论之前那个更直观接近日常生活经验的物理学。在伽利略和牛顿物理学中，存在"空间"和"绝对时间"。时间之所以被称为"绝对时间"，恰恰是因为所有时钟上的时间都是相同的，这也是人们根据日常生活经验可以轻松验证的。如果我用自己的手表测量我在 3 分钟内跑了 1 千米，我毫不怀疑我的任何一个朋友，无论他的运动状态如何，都可以用他的手表测量出我在 3 分钟内跑了 1 千米。也就是说，时间的测量不取决于进行测量的人的运动。然而，其他物理量（如速度）取决于进行测量的人的运动。如果我在 3 分钟内跑了 1 千米，从我保持静止的朋友的角度观察，我的速度是每小时 20 千米；但如果我的朋友和我一起跑了 1 千米，在随其移动的参照系中我是静止的，因此我的速度为零。

狭义相对论诞生于 1905 年，是爱因斯坦在众多物理学家的研究基础上提出的理论，是迈向广义相对论的第一步。狭义相对论仅适用于非加速和零重力参照系，即所谓的"惯性"参照系。在这种情况下，时间不再是绝对的，而是取决于进行测量的人的运动。如果我和我的朋友处于惯性参照系中，也就是说，我们彼此看到对方以恒定的速度作匀速直线运动，我们将不会测量出相同的时间间隔。我会看到我朋友的手表比我的慢，我的朋友变老的速度比我更慢；而我的朋友会看到我的手表比他的慢，我变老的速度比他更慢。

法国物理学家保罗·朗之万（Paul Langevin）于1911年提出"双生子佯谬"，它很好地概括了时间流逝的速度与观察者运动的依赖关系这一问题。顾名思义，实验的出发点是两位最初有着相同年龄的双生兄弟，其中一个跨上宇宙飞船作太空旅行，另一个则留在地球。当他重返地球后再次与兄弟会面，发现兄弟比他变老了许多。这是因为两个人以不同的时速生活。但是，他们以何种方式发生了变化以及到底谁老了更多并不是理所当然的。

实际上，如果我们在这一点应用狭义相对论定律，就会发现以下悖论：在太空飞船上的兄弟看到留在地球上的兄弟的时钟比他的慢，因此他预想回家时他的兄弟比他更年轻；而对于留在地球上的兄弟而言，他看到跨上宇宙飞船的兄弟的时钟比他的慢，预想他的兄弟比他更年轻。其中的矛盾在于他们俩都认为对方比自己更年轻，但他俩不可能都是正确的。那么这对双生兄弟到底谁老了更多？如何解释这种矛盾的情况？

双生子悖论实际上是由于狭义相对论定律的错误应用引起的：狭义相对论实际上仅适用于惯性观测者，在本例中观测者是这对双生兄弟。换而言之，只有当这对双生兄弟都是静止的或者以恒定的速度作匀速直线运动时，我们才可以应用狭义相对论定律。在这种情况下，无论从两兄弟中任意一方的角度来看，其兄弟的衰老速度都确实比他更慢。然而，由于两兄弟在分别后永远不会出现在同一地点，这种矛盾也就不存在了。

在双生子佯谬中，很明显进行太空旅行的那位是加速观测者，因此不适用于狭义相对论。如果不是这样，他将无法返回地球和他的兄弟重逢：留在地球的兄弟无法看到飞船上的兄弟以恒定的方向和速度运动，即使可以，他也只能看到飞船上的兄弟远离他，且永远无法回到地球。尽管地球围绕太阳公转、太阳围绕银河系公转且我们星系的加速度不为零，留在地球上的双胞胎仍可被近似看作惯性观测者。所以，他可以运用狭义相对论定律并得出太空中的兄弟的时钟运行比自己的更慢这一结论。因此当他们在地球上重逢时，留在地球上的兄弟将比太空归来的兄弟更老。

时间间隔的测量取决于观测者的运动这一事实无疑是违反直觉的，但是，显然可以根据狭义相对论得出推论。从严格的数学角度出发，只要假定所有惯性观测者的物理定律都是相同的，并且真空中的光速是通信信号传播的最大速度，我们就可以轻松得出以上推论。最初我们或许不愿放弃伽利略和牛顿的绝对时间，是因为在我们的日常生活中周围所有事物均以远远低于光速的速度运动，相对论效应完全可以忽略不计，生活中依然可以参照相对论之前的物理学。真空中的光速是通信信号传播的最大速度显然是实验性证据。一旦我们有了正确的假设，即使该假设是违反直觉的，数学也永远不会给出错误的结果。

真空中的光速不可超越，这一事实超出我们的日常认知和惯有逻辑，因为我们习惯于"叠加"速度。如果我看到我的朋友以接近真空中光速的速度运动，这位朋友朝着他的运动方向发射了一颗子弹（他测量该速度接近真空中的光速），那么根据我在地球上的经验，我应该看到子弹超过真空中的光速。然而，事实并非如此。因为我的时钟和我朋友的时钟测量的时间是不同的：从我的观察点来看，我朋友发射的子弹速度比我朋友的速度略高，但仍低于真空中的光速。

自然界中关于时间的测量和观测者的运动之间关联性的例子包括从地球观测宇宙射线中的 μ 子。初级宇宙射线是在地球大气层外且通常是在太阳系以外形成的高能粒子，主要是质子和氦核。当它们抵达地球大气层的时候，与大气分子发生作用产生大量次级粒子，形成次级宇宙射线。在这些次级宇宙射线中，包括主要产生于距离地球 15 千米之外的 μ 子。但 μ 子不稳定，在短短的 2.2 微秒左右就会衰变成其他粒子。即使它们以接近光速的速度旅行，行进 15 千米抵达地球也需要约 50 微秒，这是 μ 子平均寿命的 20 多倍。因此根据伽利略的相对论推理，能够到达地球的 μ 子数量是极少的。

然而事实并非如此，相反，我们发现狭义相对论的预测被得以证实。从地球观测者的角度来看，μ 子从地球大气层的上界行进 15 千米抵达地球的确需要花费 50 微秒；但当 μ 子以接近光速的速度运动时，它们的时钟比我们的慢。如果一个 μ 子以光速的 99.5% 行进，抵达地球所需的时间约为 5 微秒——略高于其 2 微秒的平均寿命，因此提前衰变的可能性很大，但这也是地球观测者的 50 微秒的 1/10。如果一个 μ 子以光速的 99.95% 行进，所需的时间仅为 1.5 微秒，比其平均寿命更短。这就是为什么大量的 μ 子能够在衰变前抵达地球。

让我们回到本章开头，电影《领航员》里面的情节是否有可能发生呢？我们面临与双生子佯谬完全相同的情况。主角大卫 12 岁，他的弟弟 8 岁，但当大卫回到地球时，弟弟已经 16 岁了。地球上的人们处于一个近似惯性参照系，因此可以根据狭义相对论定律判断大卫的时钟比他们的时钟慢。而太空飞船上的大卫处于加速系统中（如果不处于加速系统中，他将无法返回地球），因此他的时钟时间显然不同于地球上的时钟时间。所以，电影里的现象是现实的，并且可以得到当前所有实验证据的充分支持。只不过类似情况难以发生，因为大卫必须处于极高的加速度，而这种加速度可能会立即摧毁他的身体。电影中并没有探索这个未知问题，解决方案显然不是那么容易找到的。

小说《探星时代》中的情况就更为复杂。在这里，太空飞船依然是一个加速的参照系，因此汤姆与留在地球上的兄弟派特离别后，再重返地球和侄曾孙女喜结连理，并不构成任何矛盾。然而，小说也是基于这样一个事实，即双胞胎与其后代之间的心灵感应过程是瞬间的，也就是说，这种传递信息方式的速度是无限高于真空光速的。这显然与狭义相对论的假设相矛盾。因此，为了实现小说中的场景，需要使用超越狭义相对论的物理学——这必然将我们带向更具思辨性的领域。有人尝试改变狭义相对论，以将高于真空中光速传播的信号囊括在内，但到目前为止都未能成功。建立一套没有内部矛盾，并且在允许以无限速传播的信号（如《探星时代》中的心电感应）存在的同时，又与所有当前证实狭义相对论的实验数据一致的理论，从本质上来讲，或许就是不可能的。

我们可以以一种优雅的方式来解决双生子佯谬，尽管这种方式有些模棱两可。狭义相对论适用于留在地球上的双生兄弟，因此可以判定宇宙飞船上的兄弟的时钟比他的时钟慢，而同样的情况不适用于宇宙飞船上的兄弟。但是，如何计算宇宙飞船上的兄弟观测到的时间这一难题尚未解决，鉴于狭义相对论不适用于加速观测者，这个问题也无法解决。我们只能在广义相对论找到答案……

由克里斯托弗·诺兰（Christopher Nolan）执导的 2014 年科幻电影《星际穿越》（Interstellar）中，也出现了由于引力场引起的时间膨胀现象。每当"永恒号"飞船上的机组人员接近卡冈图雅黑洞的时候，他们的时间流逝速度都比地球上的时间流逝速度更慢。在参观了卡冈图雅黑洞附近的第一颗行星仅几个小时之后，飞行员约瑟夫·库珀（Joseph Cooper）返回"永恒号"飞船，发现地球上已经过了 23 年。他当时只有 12 岁的女儿墨菲（Murphy）如今已经长大成人，成为美国太空总署的科学家。影片接近尾声时，库珀出现在围绕着土星轨道运转的空间站的病床上，对于他来说，尽管执行任务只用了几个月的时间，但根据地球时间他已经 124 岁了。他终于与已是苍苍暮年的女儿墨菲重逢。

与狭义相对论不同，广义相对论阐明了"广义"观测者所进行的测量与另一个"广义"观测者所进行的测量之间的关系。其中，"广义"所指的是"非惯性"，即观测者的运动或者是否处于引力场并不受到限制。如果说狭义相对论只能从留在地球上的双胞胎（可被近似看作惯性参照系）的角度来解释双生子佯谬，那么广义相对论可以允许我们同时从在太空中旅行的双胞胎角度来分析问题，并由此预测在太空中的双胞胎看到地球上的双胞胎以更快的速度衰老。由广义相对论可以预见，在靠近有质量的物质时，因受到其引力场的作用，时间流逝的速度会比远离它的时候更慢。《星际穿越》中库珀的经历正是如此。同样，在双生子佯谬中，广义相对论预测将飞船上的双胞胎带回地球所需的加速度会导致他的时钟变慢，所以，当他回到地球上时，他的兄弟比他更老。

尽管理论已经作出明确的预测，我们还是忍不住怀疑时间的测量是否真的取决于观测者的运动以及观测者与大质量物体的距离？这个假设是否有实验证据支撑，还是仅为理论预测？在众多的实验证据中，我们认为全球定位系统（Global Positioning System，GPS）卫星的例子比较具有代表性。鉴于我们在日常生活中习惯于使用卫星导航仪和导航软件，这个例子可谓非常贴近我们的日常生活。GPS 是一种以人造地球卫星为基础的定位系统，这些卫星在距离地面 2 万千米之外围绕着地球运转。通过地球上的 GPS 接收机和至少 4 个系统卫星之间的无线电信号传输，我们可以获取精确定位，误差仅在几米之内。

广义相对论和 GPS 有什么关联呢？我们需要考虑两个因素。首先，我们位于地球表面，而人造卫星如前所述，距离地面约 2 万千米，因此我们所处的引力场稍强一些，这导致我们的时钟比卫星上的时钟慢。其次，卫星以大约 14 000 千米 / 小时的速度绕地球运转，这产生了相反的效果，导致卫星上的时钟比地球上的时钟慢。尽管地球的引力场很弱（毫无疑问，与电影中卡冈图雅黑洞附近的行星不可同日而语），并且与真空中的光速（300 000 千米 / 秒）相比，卫星在轨道上运行的速度非常小（14 000 千米 / 小时），但是，由于精度要求非常高，相对论效应是绝不可忽略的。试想我们通过以 300 000 千米 / 秒的速度传播的光信号来获得达到几米数量级精度的精准定位，即使是很小的校正也很重要。信号传播时间中仅 1 微秒的误差会在距离测量中产生 300 米的误差。

由于我们位于地球表面，而卫星距离地面约 2 万千米，我们的时钟要比 GPS 卫星上的原子钟慢，因此每 24 小时我们地球上的时钟相对于卫星上的时钟会积累约为 45 微秒的延迟。由于轨道运动，卫星上的时钟相对于地球上的时钟会积累约为 7 微秒的延迟。45−7=38，同时考虑两个因素，我们能够得出的结论是，与 GPS 卫星上的时钟相比，我们地球上的时钟每天损失 38 微秒，而将 38 微秒乘以光速，得出的数值是 11 千米。也就是说，如果将我在地球上的时钟与卫星时钟同步，一天之后，我会发现自己的位置出现了 11 千米的误差。但是，如果将爱因斯坦相对论所预测的影响包括在内，情况就会不同。显然，如果我们对于此类误差过于较真，那么卫星导航仪将无法使用：判断在路口左转或右转需要精度至少在 10 米以内，这是不可能完成的；如果我们的位置精度仅为 50～100 米，我们无法确定卫星导航仪指的是哪个交叉路口——是我们面前的那个，还是下一个，或者是已经经过的那个。结果也很直观：我们还不如像 30 年前那样使用更复杂的纸质地图，地图的可靠度显然要高得多。

结论

没有绝对时间，且时间间隔的测量取决于观测者的运动以及是否存在引力场，这一事实是与所有当前实验数据完全吻合的理论预测。尽管这与我们的直觉不同，但是，如果我们正确应用广义相对论，就不会出现任何悖论的情况。两个同时出生的双胞胎，如果其中一人始终处于弱引力场或完全无引力场的惯性或接近惯性的系统中，而另一人受到高加速度和/或强引力场的影响，那么他们的年龄实际上真的有可能大相径庭。

3 超越第四维度

正方形惊愕不已地观察着球体，这位陪伴他开启空间国之旅的伙伴。那个奇怪的不规则图形怎么可能是球体称作"立方体"的魔法实体呢？对于一直平静地生活在二维世界的正方形而言，这个它刚发现的三维国度里的一切都是那么不可思议。球体告诉它："这一切都是真实的，在你看来像是一个平面，因为你还不习惯光影与透视。你试着去触摸它，就会发现它实际上是立体的。"正方形虽然看不见，却可以真实地感知到这个三维世界的存在，奇妙不言而喻。这一切突破了它的思想边际，正方形在它的想象天空自由翱翔着。它迫不及待地恳求着球体描述三维世界内部的景象。球体三言两语道不完，但正方形显然已是求知若渴。"我的主啊，您的智慧使我向往一个比您更宽广、更美丽、更接近完美的世界。正如你们的存在超越了平面国的一切形式，那么必然还有更高的存在超越你们世界的一切形式。你们的世界将多个圆合并成一个圆，而在那个高于空间国的世界中，多个球体将合并为一个独特的存在。在我们之上，一定存在一个至高至纯之境，存在更广阔的空间、更多维的世界。当我们到达那个世界的顶峰俯瞰时，你们的一切都将向可怜彷徨的平面国流亡者展露无遗。"

之前一直有条不紊引导着正方形进行三维世界之旅的球体，听了正方形的这番言论，突然按捺不住了："别说胡话！"之前它一直在鼓励正方形突破思想的边际，但现在轮到它自己时，它却打退堂鼓了。正方形依然坚持己见，梦想着一个"四维世界"，从那个世界可以看到"所有三维事物的内部、大地的秘密、空间国的矿藏、所有生命的最深处"。球体顽固地坚守着它的世界中的极限，喘着粗气反驳道："这样的世界不存在！"正方形不依不饶，质问道："一旦我们到达那里，难道要停止前进的步伐？在那个幸福的思维世界中，或许我们能有幸找到通往五维世界之门，难道你不想进去看一看吗？不会的，相反，我们的探索之心会随之向往更高维度的世界，一定是这样。随着我们心智的开启，第六维度的大门将向我们敞开，随之是第七维度、第八维度……"忍无可忍的球体大喊着让正方形闭嘴，并对它施以威胁。最后，在一声巨响之后，球体便消失在正方形的视线之中。于是，正方形向下滑动，离开这个三维的视觉帝国，带着这个它的同胞们或许永远无法理解的真相，回归到它的二维平面国。在又一声雷鸣巨响之后，正方形回到了那个它所熟悉的只有高度和宽度的世界中。

《平面国——一个多维的传奇故事》(*Flatland: A Romance of Many Dimensions*) 是英国作家埃德温·艾伯特（Edwin A. Abbott）于1882年创作的一部讽刺小说。平面国是一个只有两维的世界，平面国的居民是各种几何图形，如三角形、正方形、长方形、五边形等。它们在二维表面上行走，并坚定不移地相信宇宙只有高度和宽度。小说的主角是一个正方形，某天它邂逅了一个来自名为"空间国"的三维世界的球体。最初，正方形不相信三维世界的存在，但在游历了一维世界直线国和三维世界空间国之后，它改变了最初的看法。顿悟后的正方形开始思考，既然存在一维、二维和三维空间，那么是否存在一个具有更多维的空间？但这个想法却被球体当作无稽之谈，嗤之以鼻。球体的这种反应和当时平面国居民的普遍行为如出一辙，任何在平面国宣扬三维世界存在的人都被无情驱逐、处决或监禁。小说显然讽刺了那个时代英国宗教和思想信仰的原教旨主义。

2002 年由安德烈·塞库拉（Andrzej Sekula）执导的电影《异次元杀阵 2：超级立方体》（*Cube 2: Hypercube*），是 1997 年风靡一时的科幻电影《超级立方体》（*Cube*）的续集，电影中 8 个陌生人醒来后赫然发现身处一个神秘密室，无人知道自己为何被囚禁于此。密室是四方体的，上下左右前后都有一道门，可以通往相邻的另一个类似的密室。他们试图了解自己所处的环境，与此同时寻找逃生之路。不久，他们发现这些密室并不完全相同：有些密室很安全，而有些密室则陷阱密布，足以杀死任何置身其中的人。最初看起来似乎没有什么共同点的 8 个角色发现他们都与军火商艾桑（Aissen）集团有所关联。此外，在从一个房间到另一个房间的过程中，他们遇到一些奇怪的物理现象。例如，在某些房间中，时间流逝的速度比在其他房间中的更快。引力场的方向会随着环境的改变而改变，并且房间墙壁上的门似乎可以连接平行宇宙（正如在本书第 8 章我们即将探讨的量子力学的多世界诠释）。由于平行宇宙的存在，可以遇到另一个不同世界中的自己，或者看到死去的自己。经历重重磨难后，他们意识到自己正处于一个四维的超级立方体之中。这个四维的超级立方体相当于是三维立方体的四维版本。团队中的盲女莎夏（Sasha）透露自己是一名黑客，这个四维的超级立方体就是由她亲自设计的。她逃入超级立方体中，正是为了逃避艾桑集团的追杀。置身超级立方体的角色们相继被密室夺去性命，唯独其中一位幸免于难，在超级立方体爆炸前逃出。这位有幸逃脱的女子其实是艾桑集团的特工，她被派遣到超级立方体中就是为了获取盲女莎夏脖子上的储存了超级立方体数据的吊坠。在某些版本中，电影结尾以画外音指出第五维度是量子力学的假设之一。

第五维度也出现在电影《星际穿越》中。在电影中，土星附近存在一条通往卡冈图雅黑洞及其行星的时空隧道，这条隧道被认作是由一个想要帮助人类的五维神秘文明创造的。影片临近结尾，库珀掉入黑洞时发现自己处于一个具有五维时空的四维超级立方体中，他猜想这个超级立方体是由正在帮助他的五维生命创造的。在这个超级立方体中，库珀能够控制时间和空间，从而将机器人塔斯（Tas）在卡冈图雅黑洞收集的黑洞奇点的量子数据传输给他的女儿墨菲。超级立方体在数据传输完毕后坍塌了，而库珀在火星附近奇迹般地得到一艘地球太空飞船的营救。库珀最后在围绕土星轨道运转的空间站里的医院病床上醒来。

我们的世界似乎包含在 4 个维度中，即 3 个空间维度和 1 个时间维度。那么在电影《异次元杀阵 2：超级立方体》和《星际穿越》中出现的额外维度，是否真实存在？如果它们真实存在，为什么我们无法看到它们？我们是否可以通过实验证明它们的存在？它们的存在是通过某种理论可预见的，抑或是纯粹的幻想？

首先，虽然我们可以明确地感知我们周围存在的 3 个空间维度和 1 个时间维度，至少在目前没有任何"基本原理"规定了这是唯一的可能性。正如理论物理学中常见的那样，如果没有任何理由阻止某种现象发生，那么我们就不能从一开始就将其排除在外，相反我们可以对其进行推测。从这个角度来看，我们有可能处于平面国居民同样的境地，平面国的居民坚信宇宙只有两个维度，因为这正是它们根据日常经验得出的结论。额外的维度有可能是被隐藏了，因此我们无法直接看到它们。对于来自平面国的正方形，空间国的球体看上去就是一个圆。这个圆就是球体与平面国表面相交产生的，随着球体在平面国表面沿着垂直方向移动，其相交产生的圆会改变大小。球体试图以此向正方形提供第三空间维度的间接证据。

广义相对论并未明确指出时空的具体维度，因此时空可以用任意数量的维度来表达。同样的说法也适用于量子力学，尽管电影《异次元杀阵 2：超级立方体》的结尾提到了第五维度是量子力学的假设之一。在爱因斯坦宣布广义相对论几年后，西奥多·卡鲁扎（Theodor Kaluza）首次提出超过 4 个维度的时空的存在。卡鲁扎构建了一个五维空间理论，旨在将引力和电磁力统一起来。在他的理论中，第五维度被用于描述电磁场。该理论方程改写了爱因斯坦的引力场方程和麦克斯韦的电磁方程。

20 世纪 60 年代，在加布里埃莱·韦内齐亚诺（Gabriele

Veneziano）和伦纳德·萨斯金德（Leonard Susskind）等人的贡献下，弦理论诞生了。在这种理论中，电粒子被称为"弦"的一维对象替换。该理论创立的初衷是为了描述"强核力"，如原子核内质子和中子之间的强作用力。后来，人们逐渐意识到该理论不适用于描述强核力，却可以作为量子引力的一种理论。目前，弦理论存在多种版本，因此称之为"弦理论们"可能会更为恰当。然而，所有弦理论的关键点在于，为了使它们保持一致，需要达到特定数量的时空维度。"玻色弦理论"需要26个维度，"超弦理论"需要10个维度，所谓的"M理论"需要11个维度。理论并未指明这些维度的位置和存在方式。

当我们谈论"额外维度"时，我们通常指的是新的空间维度。但是，从数学角度来看，新的维度是空间维度还是时间维度并没有多大区别。因此也有人从新的时间维度出发，开展时空研究。正如平面国正方形的认知局限，尽管我们目前只看到一个时间维度，但这不足以排除其他时间维度的存在。但是，新的时间维度的物理含义尚不清楚，因此这些关于额外时间维度的研究并不是很成功，也没有什么大的进展。

目前，弦理论是超越广义相对论的理论。就像其他许多理论一样，没有任何实验证据可以证明其有效性，但基于目前的观测数据，也不能对其予以排除。不过，如果我们想增加这些理论的可信度，就必须对以下事实作出解释：在我们的日常生活中，我们只能看到4个时空维度。如果没有合理的解释，我们无法将弦理论作为描述宇宙的可能模型。目前最流行的解释有两种：一种是额外维度的"紧致化"现象，另一种是所谓的

"膜禁闭"现象。

维度的紧致化意味着维度自身闭合以变得紧凑，也就是没有边界。以二维空间为例，一种可能性是一个无限的平面，另一种可能性是一个圆柱体，其中的一个维度是无限的（无限长的圆柱体），另一个维度是有限的（宽度为 $2\pi r$，其中 r 是圆柱体的半径）。在量子力学中，粒子的能量与波长成反比。如果粒子沿着某无限维度传播，则其波长可以任意大，因此其能量可以任意小。相反，如果维度是有限的，则能量状态会被"量化"，也就是说，它们仅会有一系列特定且定义明确的值。更确切地说，如果维度的长度为 l，根据量子力学方程，粒子在这个维度中，只能具有整数（1，2，3 等）或半整数（1/2，3/2，5/2 等）的波长。与此同时，能量状态也可以被量化，它的值与 n/l 成正比，其中量子数 n 取正整数值（n=1，2，3 等）。即使是最低能级 n=1，对应波长约为 $2l$ 的粒子，也具有大于 0 且与 l 成反比例的能量。如果长度 l 足够小，那么即使最低能级的能量也高到不可企及。如果我们的世界除了具有 3 个无限或非常大的空间维度之外，还拥有一个紧凑的长度 l 足够小的第四空间维度，那么我们将无法感知到第四空间维度，这是因为我们无法向我们的粒子提供足够的能量使其移动到第四维度。相反，如果我们可以向我们的粒子提供这种临界能量，那么我们可能会经历表面上违反能量守恒的物理过程。为什么说是表面上呢？那是因为实际上这种能量会进入新的维度。类似的现象可能是存在第四空间维度的间接证据，就如同平面国中当球体沿着垂直于正方形所处平面的方向移动时，正方形通过截面圆的大小变化间接地感知到第三维度。

膜上的禁闭现象如图1所示，对于具有其他空间维度的时空，具有3个空间维度的宇宙相当于是一张"膜"。在图1中，膜表示成三维空间中的二维平面。两端都附着在膜上的开弦则对应了组成物质的基本粒子。例如，电子是一根开弦；而质子和中子不是基本粒子（因此它们不是弦），但它们是由基本粒子组成的，这些粒子是束缚在膜上的开弦。非引力（电磁力和核力）相互作用也被迫在膜上发生。传递引力的粒子"引力子"是一个闭弦。引力子不受到膜的束缚，可以在整个空间中传播。膜上的禁闭现象也被用来解释为什么引力比电磁力和核力更弱：由于引力子可以传播到任何地方，因此引力子在膜上的浓度被"稀释"，导致我们感知到的引力很弱。而电磁力和核力不会像引力那样分散，对于生活在膜上且无法感知其他维度的我们而言，这些力似乎要强得多。

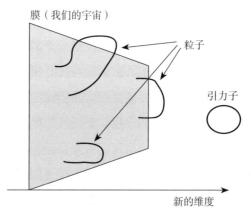

图1　我们的三维空间宇宙（三维的膜）由灰色平面表示。新的维度与我们的宇宙正交。物质的基本粒子是开弦，弦的两端都必须附着在膜上。引力子是闭弦，不受到膜的束缚，因此可以在整个空间中传播。

尽管的确存在某种机制可以解释我们周围的世界似乎只有 4 个维度这一事实，但额外维度理论也存在其他问题。例如，一个相当重要的问题是如何使额外维度"稳定化"。实际上，正如我们将在第 9 章中看到的那样，我们的宇宙正在膨胀；在基于额外维度理论的宇宙模型中，额外维度也会随着宇宙膨胀。但是，这应该会导致一系列我们显然看不到的现象发生，如电子电荷数等基本常数的变化。

如果存在额外维度，那么该理论以及它的基本常数必须定义在整个多维空间中。从我们所处的四维空间测量得到的常数将被称作"有效常数"，它们通常取决于多维度宇宙的基本常数，以及额外维度的一些性质，尤其是它们的尺寸。尽管多维度空间理论的基本常数是真正的常数，但那些由处在四维空间的观测者测量的常数则会随着额外维度的膨胀而改变。事实上，我们从未观测到这些常数变化的现象。所以，要让一切得到合理的解释，只能是所有包含额外维度的宇宙模型必须能够由和我们宇宙一样在不断膨胀的三维空间维度，以及其他稳定的、但对我们不可见的维度所构成。当然，要同时满足这些条件非常困难，但另一方面，虽然我们目前尚未发现这种稳定化的机制，但这不代表现实中不存在类似的机制。

回到电影《异次元杀阵 2：超级立方体》和《星际穿越》，额外空间维度并不是纯粹的叙事意象。当今理论物理学家中有一部分人非常重视除我们所看到的 4 个维度之外还存在额外维度的可能性。问题在于诸如弦理论的那些理论并没有阐述这些新维度的属性，因此为无数的假设留下了空间。我们甚至不知道如何从这些假设中加以选择。电影《异次元杀阵2：超级立方体》和《星际穿越》也给公众留下了巨大的想象空间，除了告诉你存在第五维度外，再没有给出过多的细节。被困超级立方体密室中的囚徒从一个房间到另一个房间，遇到了各种各样的奇怪现象。这些现象本身并不是纯粹的幻想，但我们对于这些现象是如何组合在超级立方体密室里的、这些囚徒是怎么进入密室的以及这一切意味什么都一无所知。这些领域的无知给了我们巨大的想象空间，我们也很难断言某种现象一定是荒谬的。

在 21 世纪初，科学界已经相当重视存在额外维度的可能性。根据基于大尺度的额外维度紧致化现象和膜上禁闭现象的理论模型，一旦达到某个阈值能量，引力可以变强许多。据推测，目前位于瑞士日内瓦的欧洲核子研究中心的加速器能够达到这个阈值能量。这个加速器就是所谓的大型强子对撞机（Large Hadron Collider，LHC）。迄今为止，大型强子对撞机是世界上最大的粒子加速器，也是能量最高的粒子加速器。这些额外维度的理论模型预测了一系列现象，由两个质子碰撞而形成微型黑洞就是这些可能的现象之一。其基本思想如下：如果在足够小的体积内产生足够大的能量，就有可能形成黑洞；这种类型的体系会自行坍塌，从而形成有事件视界的黑洞。在我们的四维世界中，该过程需要将两个粒子加速到极高的能量，而实际上无论是大型强子对撞机还是未来的加速器，都无法达到这么高的能量。在这些额外维度的理论模型中，一旦超过一定的临界能量，重力就会变强许多，因此由两个质子碰撞而形成黑洞所需的能量也会变低很多，从而使大型强子对撞机有可能达到所需的能量。目前，尚无证据表明大型强子对撞机能撞出微型黑洞，因此我们只能说，如果阈值能量真的存在，它一定高于大型强子对撞机可以达到的能量。

用大型强子对撞机制造迷你黑洞的可能性已被大范围宣传，这些宣传或多或少带有富于幻想的灾难性的推测。例如，有人假设人类如果真的能在实验室制造出类似的迷你黑洞，那将是十分危险的，因为这些迷你黑洞可以吞噬实验室本身，然后吞噬整个地球。由于存在大量未知元素，我们能想象出无数可能的答案，因此我们很难对理论性如此强的模型作出预测。尽管如此，灾难性的事件大概率不会发生。正如史蒂芬·霍金（Stephen Hawking）在 1974 年所证明的那样，黑洞实际上不仅仅只会吞没周围的一切，它还会散发辐射。这种辐射现在被称为"霍金辐射"。对于质量达到太阳或更大的黑洞，如由于恒星坍塌而产生的黑洞，这种辐射完全可以忽略不计。但对于很小的黑洞来说，霍金辐射就相当重要。用大型强子对撞机可能制造出的迷你黑洞，由于霍金辐射的散发，将会在形成后立即蒸散而不造成任何危害。它们的存在如此短暂，以至于无法吞噬任何东西。

结论

尽管我们周围的世界似乎只有 4 个维度，即 3 个空间维度和一个时间维度，我们不能排除目前我们无法感知的额外维度的存在。就像对于平面国的正方形那样，额外维度可能只是很难被看到而已。广义相对论和量子力学未对我们时空中维度的数量作出预测，因此可以很直接地将时空表达为任意维数。诸如弦理论之类的理论目前仅处于纯理论阶段，尚无任何实验证据的支持。这些理论都要求特定数量的维度，更确切地说是 4 个以上的维度，因此弦理论预测了额外维度的存在。电影《异次元杀阵 2：超级立方体》和《星际穿越》中出现的第五维度可能并不是科学幻想，但由于目前我们对第五维度的潜在属性所知甚少，即使在现代理论物理学的背景下，对于大自然究竟为我们保留了什么，各种假说依旧众说纷纭，这一切都有待于我们进一步探索。

4　我们可以弯曲时空吗？

　　"什么？你从来没听说过'千年隼号'？"年轻的雇佣军以一种自吹自擂的口吻问道，但他脸上的惊讶也是显而易见的。他左边那只毛茸茸的大个子外星人点头附和，昏暗的灯光照亮了它斜背着的子弹带。他们面前的老头摇了摇头："真没听过。"在他身后，形迹可疑的黑影和令人不安的剪影不时掠过昏暗的莫斯艾斯利小酒馆。雇佣军汉·索洛（Han Solo）凝视着年迈的欧比旺·克诺比（Obi-Wan Kenobi），对于欧比旺从未听闻"千年隼号"的大名，他仍感到震惊。"她只需要飞 12 秒差距就可以走完科舍尔航线！银河帝国的飞船也被我甩在身后！不是商船，那只是个玩笑。我说的是最快的帝国军舰！"汉·索洛嘴角微扬，洋洋得意地吹嘘道："老头儿，这对你来说足够快了吧？"

　　"千年隼号"无疑是《星球大战》（1977 年）中最著名的宇宙飞船。这部电影是由乔治·卢卡斯（George Lucas）执导的同名系列电影的第一部。

　　"千年隼号"有着独特的外形，用奥德朗星的莱娅（Leia）

公主陛下的原话来说，其外观就是一个"破旧的废料"。它之所以如此出名，还因为它能够达到 1 000 万倍光速，能在眨眼之间逃脱帝国战士的追踪。当然，登上"千年隼号"也需要一定的勇气，正如汉·索洛向他的乘客们解释的那样："在超空间旅行可不像从飞机上撒肥料那么简单！如果没有确切的数据，我们可能会从一颗恒星穿过，或者离超新星太近，而你的旅程在开始之前就已经结束了！"

当欧比旺·克诺比和卢克·天行者（Luke Skywalker）来到莫斯艾斯利太空港，以寻求"悄悄"离开塔图因（Tatooine）星球的通道时，他们首次遇到汉·索洛。汉·索洛声称自己仅在"12 秒差距内"就走完了科舍尔航线。"秒差距"实际上是一个用于距离的计量单位，约等于 3.26 光年。因此汉·索洛这种说法听上去有些奇怪：我们可以炫耀在一定的时间内完成某航线，但炫耀在一定的距离内完成那条航线，这显然是荒唐而又不可能的。

这仅仅是编剧犯的错误吗？不见得。千万不要低估汉·索洛船长的智慧和能力，当年，他的朋友——"千年隼号"的前主人兰多·卡瑞辛（Lando Calrissian）就这样吃了亏，在一场赌约中把飞船输给了汉·索洛。事实上，多年来人们都是参照广义相对论来理解汉·索洛这段话的。根据广义相对论，时空是"弯曲的"。但要理解这句话的意思，我们必须先退后一步，理解"时空"是什么。

在伽利略的相对论中，"空间"和"时间"是两个截然不同的实体。如果我们想描述一个粒子在我们周围空间中的运动，凭直觉也知道先要有一个坐标系来确定物体在空间中的位置，如笛卡尔坐标系（x，y，z）。另外，还要有一个用于测量某个参考事件的时间（t）的时钟。也就是说，我们将有一个由坐标系描述的空间和一个绝对时间，该绝对时间与参照系无关。

如果我们要改变参照系（即我们想从另一个观测者的角度看某个物理现象），就必须进行坐标变换，也就是说，我们需要找到第一个参照系的坐标与另一个参照系的坐标之间的数学关系。如果我们知道物体在第一个参照系中的位置并进行坐标变换，就可以找到物体在第二个参照系的位置。如果两个参照系都是惯性参照系，坐标变换就是所谓的"伽利略变换"。

面对一个延伸的物体，如一根杆，我们可以通过将勾股定理应用于其两端的笛卡尔坐标来轻松计算它的长度。根据我们的日常经验，可以立即得出以下结论：测量结果与采用的笛卡尔坐标系无关。如果测量出杆的长度为 2 米，那么我的一个朋友，无论杆如何移动以及他的参照系如何定向，都将始终测量出杆的长度为 2 米。因此物体的长度是一个"不变量"，即不取决于参照系的量。时间间隔也是不变的物理量，因此被称作"绝对时间"，即与观测者无关。这与我们的常识完全吻合：如果测量出一列火车从上海到北京花费了 5 个小时，那么我的朋友，无论他的运动和参照系如何，也会测量出乘火车花费了 5 个小时。

在 19 世纪，随着对电磁现象的研究，伽利略的相对论陷入了危机。人类首次开始研究以真空光速或略低于真空光速的速度传播的现象。1905 年，爱因斯坦提出如今已众所周知的"爱因斯坦相对论原理"。

爱因斯坦肯定了伽利略所假设的，即在所有惯性参考系中物理定律必须相同，但他同时还假设真空中的光速是信号传播的最大速度。这两个假设加在一起的影响是相当大的。在19世纪末至20世纪初困扰一代物理学家的电磁学那些晦涩之处由此得到解释。根据我们的日常经验，我们会发现一系列非常奇怪的结果。真空光速在任何参考系中都是相同的（但在伽利略的相对论中，所有速度都取决于观测者的运动）。长度和时间间隔的测量对所有观测者而言不再相同，这也有别于伽利略的相对论。空间和时间不能是两个不同的实体，这就是"时空"概念发挥作用的地方。

3个空间坐标和伽利略相对论的绝对时间形成四维时空的坐标（t, x, y, z），引入"时空"一词是为了强调这是对空间（坐标之一由时间表示）的广义化。

狭义相对论的时空被称为"平坦"时空或闵可夫斯基时空，它是以引入时空概念的第一人——德国数学家和物理学家赫尔曼·闵可夫斯基（Hermann Minkowski）的名字命名。在某个参照系中，我们总能用勾股定理来测量空间中两个点之间的距离，但如果参照系发生了变化，结果也会随之改变，因此其值与伽利略相对论的值并不相同。但是，我们可以将勾股定理广义化，增加时间坐标，以获得对所有观测者而言都具有相同值的物理量（正如在伽利略相对论中，长度和时间间隔是对所有观测者而言具有相同值的物理量）。

要了解时空如何变得弯曲，请看以下示例。想象在一个具有两个空间维度（x, y）的时空中的质量为 m 的物体（其中不存在时间坐标），如图 2 所示。如果物体不受外力作用，它将作匀速直线运动，也就是说，其轨迹可以用一条直线描述。这是人们凭直觉对一个在平面上移动的物体作出的预期，也正是实际上会发生的情况。现在我们再来看一下图 3 所示的情况。图 3 中增加了一个质量为 M 的物体，在重力作用下，它吸引了第一个质量为 m 的物体。这里 M 比 m 的质量大得多，我们可以把它们想象成一个行星和一个小行星。现在由于质量体 M 施加的重力，质量体 m 的轨迹将不再是如图 2 所示的直线，它的轨迹将变为图 3 所示。

但我们也可以用一种"替代"方式来描述图 3 所示的情况，这种替代方式如图 4 所示。与其说两个物体之间存在引力，我们还可以说质量体 M 使时空弯曲，使其从"平坦"的状态变成我们看到的那样。如果在一个平面上质量为 m 的物体沿一条直

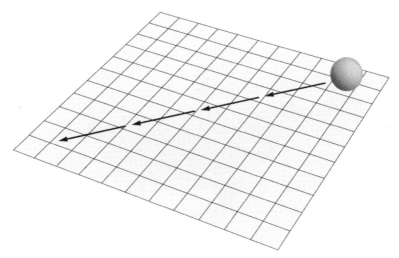

图 2　平坦时空，质量为 m 的物体的轨迹为一条直线。

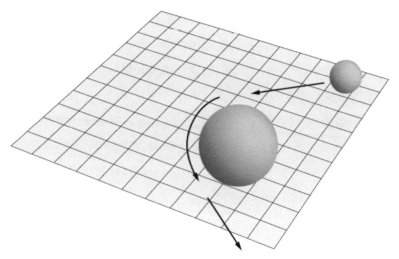

图 3　质量为 M 的大物体在重力作用下吸引质量为 m 的小物体，因此后者遵循一条弯曲的轨迹。

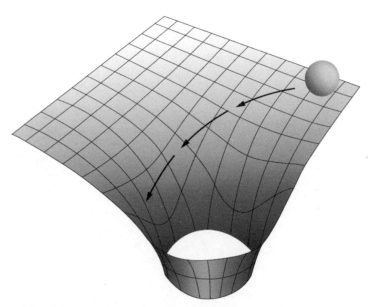

图 4　弯曲时空，质量为 m 的物体遵循由它运动所在的曲面确定的轨迹。

线运动是合乎逻辑的，那么现在我们必须期望该物体遵循一条非直线的轨迹。这大体上就是广义相对论中发生的事情：质量为 M 的物体弯曲时空，质量为 m 的物体在曲面上遵循其"自然轨迹"。

由于物体在引力场中的运动与其组成和内部结构无关，因此可以用弯曲时空来描述引力场。换而言之，对于相同的初始条件（起点和初始速度），所有物体都遵循相同的轨迹，因此我们可以说，产生引力场的大物体使时空发生弯曲后，无论小物体的性质如何，都可以计算出后者的轨迹。如果物体在引力场中的运动取决于物体本身的特性，由于每个物体都会感知到不同的时空曲率，这种替代描述就不适用。

这里会涉及两个不同的问题。一个问题是在引力场中描述非引力物理。例如，描述在引力场中运动的物体的轨迹就是这种情况，这里引力场（即时空曲率）是给定的，必须计算出在该引力场中物体的轨迹。第二个问题是计算由某些物体产生的引力场（即时空曲率）。

第一个问题相对容易解决，并具有"几何"性质，由于空间的几何特征是已知的，我们可以推导出粒子运动方程。结果仅取决于时空的几何形状，而非我们所参考的引力理论，不论它是广义相对论还是其他那些用时空曲率来描述引力场的理论。

第二个问题，即计算由系统中物体产生的时空曲率。这个问题要复杂得多，并取决于引力理论方程式。

在爱因斯坦的广义相对论中，人们必须求解"爱因斯坦方程"，这些方程将时空的"几何"——即时空曲率（引力场）——

与时空中的"物质"相关联。时空中"物质"的存在使时空弯曲。因此爱因斯坦方程式为

$$几何（t, x, y, z）= 物质（t, x, y, z），$$

（t, x, y, z）点的时空几何与同一点的物质有关。因此我们称之为局域理论。爱因斯坦的方程无法控制时空的全局属性，即时空在大尺度上的结构。

如果我们确切地知道物质在时空中的性质及其分布，那么理论上就有可能解出爱因斯坦方程，并确定由该物质引起的时空结构。实际上这样做并不容易，主要是因为爱因斯坦方程一般都不容易解：通常只有在特定对称的情况下，爱因斯坦方程才具有精确解，如球对称引力场、均匀分布在空间的物质以及类似的情况。

然而，对于爱因斯坦方程，我们也可以反其道而行之：可以先试想一个具有特定几何形状的时空，计算出得到该时空所需要的物质类型及其分布方式。因此我们也可以想象一个奇异的时空，这个时空与我们周围能看到的一切都无关。根据爱因斯坦方程，这个空间由某种物质产生，这些物质显然具有同样"奇特"的性质（这与能量密度和压力之间的"非正常"关系有关）。因此在爱因斯坦的广义相对论中，时空可能具有某种奇怪的特性。例如，在某时空中你可以回到过去，或者在某时空中存在可以快速从宇宙的一个部分穿梭到另一个部分的隧道（在接下去的几章中我们会再次讨论）。

让我们再回到《星球大战》中的情节，汉·索洛声称自己仅

在"12秒差距内"就走完了科舍尔航线，我们可以认为时空是一个二维表面，类似于图 2 至图 4 中的表面。它可以被拉伸和压缩，以改变表面上两个不同点之间的距离。当然，在实践中如何灵活应用以实现星际旅行是另一回事儿，但大质量天体的存在改变了闵可夫斯基的平坦时空，空间中两个点之间真的有可能存在比两点间直线距离更短的轨迹。

结论

对于惯性系统中的观察者来说，不受力的粒子作匀速直线运动；如果粒子在平面中移动，也会发生这种情况。然而，如果我们在系统中引入一个大质量的物体，它对粒子的引力会改变后者的轨迹，因此粒子将不再作匀速直线运动。我们也可以这样来描述：大质量物体"压弯"了粒子运动所在的平面，导致粒子偏离了原来的直线轨迹。事实证明，这种弯曲时空的描述特别适用于广义相对论。

5 无（黑）洞，无宇宙

　　"所有人都用安全绳把自己绑起来！"由岩石组成的艾罗（Ayrault）大副吼叫道，"放下所有的帆！"他们乘坐的宇宙飞船周围的天空已成为光和陨石的红色漩涡——他们遇到了一颗超新星的爆炸。船员们面临危险但依然保持沉着，并迅速执行命令。一颗陨石的爆炸几乎将约翰·斯立夫（John Sliff）从旗杆上撞下来，在千钧一发之际，他被年轻的吉米（Jimmy）救下。然而，比地平线上的碎石雨更可怕的事发生了，超新星的爆炸形成了一个新的黑洞！它的力量是不可抗拒的，它正在吞噬附近的一切，飞船显然也在劫难逃。尽管热浪席卷甲板，艾蜜丽（Emily）船长亲自抓住了方向舵改变航向。她灵光乍现："让我们乘风破浪，用最强的浪来逃脱黑洞。"她立即下令再次扬帆。吉米收紧了安全绳。然而，又一道新波浪的来袭让众人猝不及防，正在旗杆旁工作的艾罗大副被甩了出去，眼看着就要坠入黑洞。幸运的是，他拽住了绑在上面的绳子，艾罗大副就这样在生存和毁灭之间来回摇摆。这时，船员中最奸诈的成员之一——邪恶的巨型蜘蛛史高（Scroop）不假思索地切断了安全绳，将可怜的艾罗大副永远送入黑洞。"RLS传奇号"宇宙飞船的船员们听着艾罗大副盘旋着坠入黑洞前最后发出的绝望的哭喊，又不得不继续乘风破浪、寻找逃生之路。

迪士尼公司于2002年发行的科幻动画片《星银岛》（*Treasure Planet*）取材自罗伯特·路易斯·史蒂文森（Robert Louis Stevenson）的名著《金银岛》（*Treasure Island*），讲述了一支太空海盗队伍为寻找传奇般的弗林特（Flint）船长的宝藏，在星际太空开启的奇妙历险记。消逝在黑洞中的艾罗大副可能是迪士尼电影中最令人印象深刻的死亡事件之一。艾罗大副的死之所以令人战栗，正是因为他被吞没于神秘的太空漩涡。

类似的事情还发生在由美国作家弗雷德里克·波尔（Frederik Pohl）于1977年撰写的科幻小说《通向宇宙之门》（*Gateway*）中。盖特威（Gateway，这也是小说的名字）是一个由消失已久的外星物种希奇人（Heechee）建造在一个空心小行星上的空间站。空间站里有上千艘废弃的小型宇宙飞船，但占领了这个地方的人并没有完全掌握如何使用它们。在很多情况下，宇宙飞船的设置会将人类送至无用或致命的地方。然而，有时它们会带领人类发现稀奇文物或抵达宜居行星，宇宙飞船的乘客也因此变得富有。尽管存在显而易见的风险，但许多人还是想去盖特威试试运气，因为地球已经过度拥挤，没有任何前景。小说的主人公罗比内特·布罗德海德（鲍勃，Bob）是一名在地球上工作的矿工。他在彩票中奖后，购买了一张前往盖特威的单程票。在第一次任务中，他乘坐的宇宙飞船将他送到一个无用的地方。第二次他的运气略有好转，但不幸的是最后宇宙飞船被毁坏了，执行任务赚到的钱全部用于缴纳探测器损坏的罚款。在第三次任务中，运营盖特威的公司将两艘各乘坐 5 人的宇宙飞船发送到同一目的地。和鲍勃一起参与此次任务的，还有盖勒－克拉拉·莫林（Geller-Klara Moline）——鲍勃在盖特威上邂逅并爱上的女人。他们惊恐地发现，宇宙飞船将他们带到一个黑洞附近，他们即将被吸进漩涡。危难之中，他们找到一个逃生方法：通过连接两艘宇宙飞船，再炸毁着陆模块，也许可以只让一艘飞船掉入黑洞，而另一艘飞船可以有足够的速度逃生。到了扣人心弦的操作阶段，鲍勃却发现只有他独自一人乘坐在能够逃脱的宇宙飞船上，而他的同伴们，包括克拉拉，全部坠入黑洞。鲍勃返回盖特威并获得整个任务的奖励，他因此变得富有。但当他再次回到地球时，他只能通过接受心理治疗，来克服自己抛弃同伴尤其是克拉拉而产生的内疚感。事实上，由于事件视界周围时间流逝的速度要慢得多，他的同伴们还没有真正的死亡。几十年后当鲍勃去世时，他的同伴们都尚未变老，他们仍在坠入黑洞的过程中，而克拉拉或许仍在想着鲍勃为了拯救自己而背叛了他们。

黑洞是当今科幻小说中相当常见的组成部分。在《星银岛》和《通向宇宙之门》中提到的案例仅是许多例子中的一两个。事实上，黑洞这个词已经变得如此"流行"，以至于它的引申义常常被应用到完全不同的语境。黑洞被用来表示某种会吞噬或使太过靠近它的一切事物消失而不留下任何痕迹的东西。但真正的黑洞是什么呢？

首先，让我们在广义相对论中定义黑洞的概念。当然，我并不是想给出一个严格意义的定义，但我们可以说黑洞是一个时空区域，其内部的引力场极强，以至于任何事物包括光都无法逃脱。我们也称黑洞和外部区域之间的分界线为"事件视界"。有趣的是，早在爱因斯坦提出广义相对论之前的 18 世纪末，就已经有人假设了黑洞的原始概念。约翰·米歇尔（John Michell）于 1783 年、皮埃尔－西蒙·拉普拉斯（Pierre-Simon de Laplace）于 1796 年分别提出了相关的假设。他们假设存在某类物体，其密度极大，以至于光都无法达到逃离其引力场所需的速度。这样的物体被称为"暗星"，也可以被认为是牛顿物理学中的黑洞。

逃逸速度是一个在天文学中众所周知的概念。以我们的地球为例：如果我们向空中发射火箭，它会上升，直至达到最大高度，然后返回地面。但是，如果火箭的初始速度足够高，火箭就可以脱离地球引力场、开始太阳系之旅。逃逸速度就是从物体（如行星）的引力场逃逸所需的最小速度。以地球为例，逃逸速度约为 12 千米 / 秒。为简单起见，如果我们仅限于考虑具有球对称性的物体，逃逸速度仅取决于物体的质量及其半径，也就是说，取决于产生引力场的物体有多"紧凑"。对于给定半径的物体，其质量越大，物体表面的引力越大。同理，对于给定质量的物体，其半径越小，物体表面的引力场越强。

米歇尔和拉普拉斯设想了一个质量为 M 的具有球对称性的通用物体，并在牛顿引力的背景下，计算出使该物体逃逸速度恰好等于光速（光速 $=300\,000$ 千米 / 秒）的临界半径是多少。根据米歇尔和拉普拉斯的推测，半径小于或等于该临界半径的天体应该是"黑色的"，因为从它们表面发出的光无法逃离它们的引力场并抵达远处的观测者。

爱因斯坦于 1915 年底提出广义相对论。1916 年，卡尔·史瓦西（Karl Schwarzschild）解出了爱因斯坦方程，找到了"真空"中球对称引力场的严格解。"真空"指的是没有物质的时空，近似于恒星或行星周围的引力场。实际上，史瓦西无意中找到了一个更有趣的解。这个解现在被称为"史瓦西黑洞"，描述了一个不旋转的黑洞，其特征仅由一个参数确定，即黑洞的质量。几年后，汉斯·赖斯纳（Hans Reissner）和冈纳·诺德斯特洛姆（Gunnar Nordström）推广了史瓦西黑洞解，以期找到带电恒星或行星的引力场。这个解现在被称为"赖斯纳－诺德斯特洛姆黑洞"，描述了一个不旋转但带电的黑洞，其特征仅由两个参数确定，即黑洞的质量和它的电荷。

值得注意的是，多年来人们其实都未理解这些解的真正性质。这些解描述了具有事件视界的黑洞，一旦进入事件视界内部，任何事物都无法逃逸到外部区域。史瓦西只是想解出爱因斯坦的方程，以找到球体外部的引力场，也就是恒星或行星周围的引力场。赖斯纳和诺德斯特洛姆只是想在可能存在非零总电荷的情况下推广史瓦西的解。人们知道那个后来被称为事件视界的界限存在奇异的特性，但没有特别重视它，因为它只存在于极其紧凑的物体，因此不会存在于行星或恒星。戴维·芬克尔斯坦（David Finkelstein）于 1958 年首次理解了这些解的真正性质，此时距史瓦西解的发现已经过去 40 多年。芬克尔斯坦意识到史瓦西解有一个事件视界，任何越过该界限的物体都无法再以任何方式影响外部区域。

然而，描述旋转黑洞的解法又过了很多年才被发现。1963年，罗伊·克尔（Roy Kerr）发现了这个解法，它被称为"克尔黑洞"。该黑洞的特征由它的质量和角动量确定。角动量是牛顿力学中一个众所周知的概念，是描述物体旋转运动的物理量。1965年，以斯拉·纽曼（Ezra Newman）和他的合作者发现了旋转带电黑洞的最普遍的解，它被命名为"克尔－纽曼黑洞"。该黑洞是一个完全由质量、角动量和电荷3个参数表征的黑洞。

表1总结了史瓦西黑洞、赖斯纳－诺德斯特洛姆黑洞、克尔黑洞和克尔－纽曼黑洞的不同属性。

表1　4个黑洞的不同属性

黑洞	质量	电荷	角动量
史瓦西黑洞	√	0	0
赖斯纳－诺德斯特洛姆黑洞	√	√	0
克尔黑洞	√	0	√
克尔－纽曼黑洞	√	√	√

从1960年代后期开始，人们意识到，在某些条件下，广义相对论中的黑洞是"简单"物体。黑洞的简单性体现在其特征仅由数量有限的参数决定（克尔－纽曼黑洞解中包含了所有的参数，即质量、电荷和角动量）。该结果被称为"无毛定理"（这个名字来自英语中的"No-hair Theorem"，在意大利语中它也被称为"本质定理"）。这个奇怪的名字源于这样一个事实，即：我们倾向于通过头发（短发/长发、直发/卷发、黑发/棕发/金

发等）来识别其他人，因此头发相当于人类的"特征元素"；黑洞仅通过 3 个参数相互区分，它们的"头发"很少，因此得名"无毛"。

"黑洞"这个词也相对较新，我们无法准确了解首次使用这个词的人是谁。有记载的是，它首次出现在记者安·尤因（Ann Ewing）于 1964 年 1 月发表的一篇关于美国科学促进会一次会议的文章中。直到物理学家约翰·惠勒（John Wheeler）于 1967 年在纽约的一次演讲中使用这个表达方式后，"黑洞"一词才传播开来。

我们对天文观测中的黑洞了解多少呢？这些天体是否真的存在于宇宙中，还是只是无法证明的理论推测？

广义相对论提出几年后，人们就知道该理论可以预测一个天体完全引力坍缩成一个点。然而，人们认为，天体材料产生的压力可以阻止坍缩。例如，众所周知，像太阳这样的恒星，在其核燃料耗尽后会变成白矮星，其中使恒星趋向于坍缩的引力被电子简并压力平衡。1931 年，苏布拉马尼扬·钱德拉塞卡（Subrahmanyan Chandrasekhar）证明了白矮星存在最大质量，现在被称为"钱德拉塞卡极限"（这个值大约是太阳质量的 1.4 倍）。超过这个极限后，电子简并压力将无法平衡引力，天体将坍缩成一个点。然而，这一结论遭到许多物理学家的强烈批判，他们认为一定存在某种能够阻止坍缩的未知机制。

后来人们意识到，质量大于钱德拉塞卡极限的恒星死亡后可以变成中子星，其中引力被中子本身的压力所平衡。一段时间后，在 1939 年罗伯特·奥本海默（Robert Oppenheimer）和乔治·沃尔科夫（George Volkoff）发现中子星也存在最大质量，当质量超过这个极限（大约为太阳质量的 3 倍）时，中子压力将无法阻止天体坍缩。人们又一次认为，某种未知机制的存在可以防止恒星完全坍缩。

类星体是拥有特别明亮中心的天体。它们在 20 世纪 50 年代被发现，但它们的性质最初是未知的。1964 年，苏联物理学家雅可夫·泽尔多维奇（Yakov Zel'dovich）和美国物理学家埃德温·萨尔皮特（Edwin Salpeter）独立提出，类星体发出的辐射是黑洞周围形成的吸积盘发出的辐射。这个提议最初没有引起很大的反响，而其他解释，如类星体可能是超大质量恒星，被认为更具可能性。

20 世纪 60 年代初期，人类发射了第一批人造火箭和人造卫星，以观测天空中的 X 射线源。1964 年，天鹅座 X-1 被发现，它是天空中最亮的 X 射线源之一。1971 年，托马斯·博尔顿（Thomas Bolton）、路易斯·韦伯斯特（Louise Webster）和保罗·默丁（Paul Murdin）独立发现天鹅座 X-1 是一个双星系统，由一颗致密星和一颗质量约为太阳 20 倍的伴星组成。通过研究伴星的轨道运动，他们发现致密星的质量超过了奥本海默和沃尔科夫发现的中子星极限质量。最自然的解释是天鹅座 X-1 中的致密星是一个恒星级黑洞。这一发现有助于说服此前对宇宙中存在黑洞的可能性一直持怀疑态度的天文学界。

在发现天鹅座 X-1 之后，其他黑洞也陆续被发现。泽尔多维奇和萨尔皮特关于类星体的假设现在得到大量观测数据的充分支持。有确凿的证据表明存在两类黑洞——恒星级黑洞和超大质量黑洞。前者是大质量恒星耗尽核燃料并坍缩后的自然产物。据估计，在像我们这样的星系中，以这种方式产生的恒星级黑洞有 1 亿到 10 亿个，尽管我们只知道其中的一小部分。在我们的银河系中，已知的黑洞大约有 20 个；此外，还有约 70 个"候选者"，它们有可能是黑洞，但由于我们无法准确测量其质量，无法排除它们是中子星的可能。超大质量黑洞的质量从大约 10 万到 100 亿倍太阳质量不等。每个"正常"星系，即每个中型（如我们的银河系）或大型星系，都被认为在其中心有一个超大质量黑洞。小型星系的情况更为复杂，一些星系的中心似乎有一个超大质量黑洞，而其他星系似乎没有。迄今为止，我们尚不完全清楚这些黑洞是如何形成的。但合理的假设是这些黑洞在诞生时更小，通过吞噬它们周围的物质逐渐变大，由于其质量非常之大，从而位于各自星系的中心。

现在让我们回到本章最初的叙事假设，尤其是《通向宇宙之门》结尾处的描述：越接近黑洞中心，时间真的会以更慢的速度流逝直至"冻结"吗？

让我们考虑图 5 所示的情况。黑洞是圆圈内部的灰色区域，事件视界是它的黑色轮廓，黑洞的外部区域是整个白色区域。我的朋友位于点 1，离黑洞很远，那里的引力场很弱，因此他周围的时空几乎是平坦的。如果我位于外部区域的点 2，无论它距离黑洞的远近，我总能向我的朋友发送光信号（从点 2 到点 1 的箭头），他也能向我发送光信号（从点 1 到点 2 的箭头）。但是，如果我位于点 3，也就是黑洞内部，情况就会改变：我的朋友总能向我发送光信号（从点 1 到点 3 的箭头），但我却无法和他通信，因为任何事物，包括光信号，都无法从黑洞逃脱。因此事件视界就像一层虚拟膜，只允许进入，不允许出来。

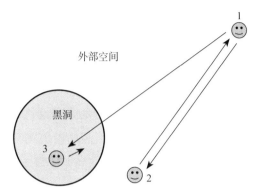

图 5　黑洞的引力场极强，以至于任何事物都无法逃脱。

现在让我们深入研究黑洞周围时空的一些特性，并考虑图 6 所示的情况。这里也有一个黑洞，我的朋友离它很远，他周围的时空几乎是平坦的。起初我在点 1（离黑洞很远，那里的时空也

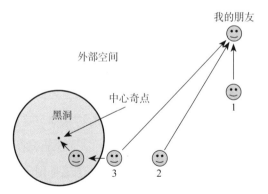

图 6　我的朋友离黑洞很远，他周围的时空几乎是平坦的。起初，我在点 1，然后我移动到点 2，最后到点 3。我的朋友看到随着我接近黑洞，我的时钟变慢了。如果我进入黑洞，我的朋友看到我越来越接近黑洞的事件视界，我的时间流逝速度越来越慢，他看不到我超越事件视界。

几乎是平坦的），我向我的朋友发送一个频率为 f 的光信号。我的朋友收到光信号并测量它的频率，他得出的值为 f，与我在点 1 测量的频率相同。这基本上是我们在没有黑洞的情况下所能预期的，没有什么可奇怪的。

假设我向黑洞靠近，来到了点 2。如果我想从该位置向我的朋友发送一个有质量的物体，如火箭，我必须以某个一定的速度（certain velocity）发射它，我离黑洞越近，该速度就得越高。如果不这样做，火箭将无法"逃离"黑洞的引力场并到达预定地点。此外，火箭会以比我发射它时更低的速度到达我的朋友，因为火箭的一部分能量被用于克服黑洞的引力并远离它。光信号的情况更为复杂，因为每个光信号必须始终以光速传播。光子（即构成光的粒子）的能量是 hf，其中 h 是一个常数，而 f 是光信号的频率（如前所述）。为了克服黑洞的引力并到达我的朋友，即使是光子也必须牺牲一部分能量。如前所述，光子的能量是 hf，其中 h 是一个常数，当光子到达目的地时，它的能量将是 hf' 且 $f'<f$。也就是说，我的朋友将测量出比我发送信号时更低的频率，我将发现我朋友的时间比我的时间流逝更快。我朋友发送的频率为 f 的光信号实际上会被我测量到频率为 $f'>f$，这让我得出他的时钟比我的更快这一结论。正如之前所讨论的，这些现象在我们基于绝对时间假设的日常经验基础上，显然是非直观的。然而，如果假设是正确的，数学就不会出错，这就是理论所预测的。

如果我进一步靠近黑洞，到达图 6 中的点 3，我的朋友测量出的最初频率为 f 的光信号的频率将变得更低。随着我越来越接近黑洞，远离我的朋友（如前所述，那里的时空几乎是平坦的），我的时间相比他的时间流逝速度会越来越慢。如果我决定从点 3 回到我的朋友身边，我会发现，正如本书的第 2 章所示，随着时间的推移，我的衰老速度比他更慢（这正是电影《星际穿越》中，库珀执行完卡冈图雅黑洞附近第一颗行星的探索任务后，乘坐"永恒号"飞船返回后所遇到的情况）。

现在假设我决定从点 3 进入黑洞。在我的参考系统中，我不会察觉任何特殊情况，我将穿过事件视界并进入黑洞。假设我从点 3 到进入黑洞之前，持续向我的朋友发射频率为 f 的光信号，我的朋友就会测量到一个频率逐渐降低的信号，直到我即将穿过事件视界时，信号频率将趋于零。我的朋友永远无法看到我通过那个点，因为当我接近事件视界时，他测量的光信号就像是被"冻结"了一样——他将"看到"的是我的时间越来越慢，直到我抵达事件视界时，时间几乎完全停止，他将无法观测到我从黑洞中发出的任何信号。这大体上就是弗雷德里克·波尔在《通向宇宙之门》中叙述的悲惨境遇：当主人公鲍勃在几十年后去世时，对于黑洞之外的人来说，克拉拉仍在坠入黑洞的过程中埋怨鲍勃的背叛。

结论

尽管在 18 世纪末，已有人假设了和黑洞具有相似特征的物体，但从理论和观测角度来说，黑洞真正被"发现"的时间要晚得多，它被发现于广义相对论提出的几十年后。如今我们已发现相当数量的恒星级黑洞，这是大质量恒星耗尽核燃料并坍缩后的自然产物。我们相信在每个中型或大型星系中心，都会有一个超大质量黑洞的存在，其质量最多可达 100 亿倍太阳的质量。

如今，物理学家和天体物理学家已经掌握大量关于这些物体的数据。尽管它们不一定具有广义相对论所预测的完全相同的特性，但它们的存在是毋庸置疑的。用黑洞检验广义相对论是当今一个非常活跃的研究领域——科学家们试图验证这些物体的特性以及它们是否和爱因斯坦的理论假设存在偏差。

6 在黑洞内

"快准备反应堆！"莱因哈特（Reinhard）教授皱着眉头指挥道。这个留着花白胡子、身着猩红色西装的老头显得极为古怪。他终于要揭开这个他在太空中研究了 20 年的地方的秘密了。反应堆发出蓝光。记者哈里·布斯（Harry Booth）惊呼："他要行动了，他真的要行动了！"莱因哈特打算穿越黑洞。"如果我们不立即离开，他会杀死所有人的！"他告诉"帕洛米诺号"宇宙飞船的船长，飞船的旁边就是莱因哈特的"天鹅号"。"天鹅号"飞船笔直冲向黑洞，宛如一个装饰着天蓝色珠子的曼陀罗，在无尽太空的黑暗中闪耀。置身莱因哈特飞船上的"帕洛米诺号"飞船船员们正在和服务于莱因哈特的人形生物进行生死搏斗，他们必须在为时已晚之前就离开那里，逃回自己的飞船。然而，一切都已经太晚了。一场陨石雨袭来，给"天鹅号"飞船造成不可挽回的破坏，莱因哈特本人被一块巨大的面板碾压而亡。偏航的"天鹅号"飞船在黑洞周围盘旋，陷入一个地狱般的红色阴影漩涡中，仿佛被火山口吞没。此时，只剩下"帕洛米诺号"的幸存者们在莱因哈特飞船的残骸中游荡。他们在一个被设定"前往"

或"进入"黑洞的探测器舱内找到藏身之地，等待着命运的降临。周围的一切开始像一颗玻璃弹球般疯狂旋转。他们听到寻求帮助的呼唤声，那声音仿佛来自另一个地方，来自另一个时间。远处还传来呼唤莱因哈特的只言片语。绝望笼罩着他们。他们的身体变成幻象，被弯曲，被拉伸，被挤压。梦境中的他们成为猎物，恶魔般的莱因哈特耸立在山顶之上，他的身体与红色杀手机器人的身体融合在一起。随后，浮现出一道光之门、一条玻璃走廊，飞船从黑洞的另一边驶出。3 名船员茫然环顾四周，他们安然无恙，仿佛什么都未曾发生。一切仿佛是某种以太空为主题的迷幻梦境。

《黑洞》(*The Black Hole*) 是由盖瑞·尼尔森 (Gary Nelson) 执导、于 1979 年上映的迪斯尼传奇电影。这部电影可以算是迪士尼对《星球大战》、《异形》(*Alien*) 和《2001 太空漫游》(*2001: A Space Odyssey*) 等电影所获成功作出的回应。尽管它是迪士尼有史以来投资最高的电影之一，也是迪士尼首部辅导级（PG 级）影片，它并没有取得预期的成功。在影片中，"帕洛米诺号"飞船完成寻找太空宜居地的探索任务，在返回地球途中遇到一个黑洞。在黑洞边缘地带，船员们发现了 20 年前神秘失踪的"天鹅号"探索飞船。当他们登上"天鹅号"飞船后，发现了科学家莱因哈特和各种机器人。其他船员都已死亡或已弃船——至少根据莱因哈特所说——而他决定留下来研究黑洞。他的计划是和"天鹅号"一起进入黑洞，去探索它的秘密并研究它。实际上，这群倒霉的"帕洛米诺号"探险者们到最后才发现事情完全不是古怪的莱因哈特船长所说的那样。"天鹅号"飞船上的那些机器人其实是已经被转换成半机械人的船员,他们被程序指挥着为莱因哈特服务。一场惊心动魄的冒险之旅就此开启,他们经历了爆炸、战斗和死亡的考验,最后幸存者们成功地穿越了黑洞、抵达了一个白洞,实现了莱因哈特的愿望。在他们面前,有一颗或许是宜居星球的行星,它正绕着一颗恒星运转。

2009年杰弗里·雅各布·艾布拉姆斯(Jeffrey Jacob Abrams)是电视连续剧《迷失》(Lost)的知名共同创作者以及电影《星球大战》新三部曲最后两部的导演,2009年他执导了电影《星际迷航》。"凯尔文号"联邦星舰在一颗红超巨星附近巡逻时,一个黑洞在它面前形成。黑洞中飞出一艘罗慕兰战舰——"纳拉达号",它突然袭击了"凯尔文号"联邦星舰。罗慕伦船长正在搜寻一位神秘的"史波克大使"的下落,并和联邦星舰开启了谈判。谈判以失败告终,"凯尔文号"联邦星舰在疏散全船人员后,被彻底摧毁。25年后"纳拉达号"战舰再次出现并袭击了瓦肯星,星际舰队派出"进取号"联邦星舰前往营救瓦肯人。"纳拉达号"在该星球钻孔,以创建一条到达其核心并能传输"红色物质"的管道。这种红色物质一旦被点燃,将创造出一个人造黑洞。"纳拉达号"的阴谋得逞,黑洞摧毁了瓦肯星。战舰飞往它的下一个攻击目标——地球。柯克(Kirk),"进取号"联邦星舰的大副,试图说服长着尖耳朵的著名瓦肯人史波克(Spock)船长追随罗慕伦人的步伐,却被史波克以不服从命令为由流放到冰雪行星"织女星四号"。柯克在这里遇到老年的史波克。史波克向他透露,他和"纳拉达号"的罗慕伦船长尼禄

（Nero）来自未来，并将他们之间的恩怨情仇 · 道来： ·颗超新星威胁到罗慕伦人的母星罗穆卢斯，史波克曾试图用红色物质制造一个人造黑洞来吸收超新星从而拯救该星球，但他抵达的时候已经太晚，任务也以失败告终。于是，怒火中烧的尼禄用"纳拉达号"袭击了史波克的水母飞船，但两人都被吸入由红色物质制造的黑洞中。首先进入黑洞的"纳拉达号"被带回 2233 年它遇到"凯尔文号"联邦星舰的那一刻，史波克也被带回过去，但他回到了 2258 年。那时，罗慕伦人已经从他那里偷走了红色物质，用来对付史波克的母星，并对罗穆卢斯（Romulus）的毁灭进行报复，史波克也被传送到织女星四号。几经周折，柯克设法被传送回"进取号"联邦星舰，并获得了星舰的指挥权，他立即下令追捕"纳拉达号"并成功将其击败。柯克被正式提拔为船长，带领"进取号"联邦星舰探索新世界，寻找新的生命形式和新文明。

黑洞也是 BBC 科幻电视系列剧《神秘博士》（Doctor Who）的主角。《神秘博士》于 20 世纪 60 年代问世，是有史以来最长寿、最受欢迎的剧集之一。主角博士是来自伽里弗雷星的"时间领主"，他可以用被伪装成 20 世纪 50 年代英国警亭的时间机器塔迪斯（Tardis）在时间和空间中旅行。在第 10 季《三个博士》（The Three Doctors）这一集中，一个黑洞充当了我们的宇宙和另一个由反物质组成的宇宙之间的桥梁。这个黑洞由传奇的时间领主欧米茄（Omega）创造，他被困于其中，伺机报复他的同事们。

在《黑洞》《星际迷航》以及《神秘博士》的这一集中，黑洞似乎并不是我们在第 5 章中所了解到的、可以吞噬周围一切的物体。相反，它们被用作连接同一宇宙的不同位置（在《星际迷航》中，黑洞甚至可以带我们穿越到过去），或被用作连接不同的宇宙（如欧米茄被囚禁的反物质宇宙）的时空桥梁。但是，我们真的有可能穿越黑洞吗？它是纯粹的叙事意象，还是存在一定合理依据的呢？

让我们从最简单的案例开始，也就是第 5 章中提到的史瓦西黑洞解，它描述了一个不旋转、不带电黑洞的时空。让我们来看第 5 章中的图 6，假设我有了进入黑洞的大胆想法，正如我们所见，一旦越过视界，我就无法再向我在外面的朋友发送任何信号，但我仍然可以从他那里接收到信号。换句话说，我可以知道黑洞外面发生了什么，但黑洞之外的任何人都不知道里面发生了什么。不仅如此，黑洞内部的引力是如此之强，以至于任何东西（包括光）都无法停留在原地，任何进入黑洞的东西都会在有限时间内坠入黑洞中心。此外，任何有限尺寸的物体在到达中心之前都会被摧毁。这是由于同一物体的各个部分受到不同强度的引力，随着和中心的距离越来越近，引力场会变得越来越强。这些作用在物体上的力，我们可以称之为"潮汐力"（参照月球引力在地球上产生的潮汐），在其作用下物体会在变形后瓦解。在黑洞中心有一个奇点，物理定律对其不适用。我们也无法预测到达奇点后会发生什么。据推测，某些量子引力效应可以修改史瓦西解的中心奇点，但目前我们尚不知道如何进行修改。

克尔黑洞（也就是一个旋转的电中性黑洞）的内部情况更为有趣。《黑洞》、《星际迷航》和《神秘博士》里的情节可能就是受到它的启发。

克尔黑洞有两个视界：一个是外视界，构成事件视界，并将黑洞与外部区域分开；另一个是内视界。外视界与史瓦西黑洞中的视界没有本质上的区别：如果我决定通过外视界进入黑洞，那么我将无法再走出黑洞或者向外部发送任何信号。如前所述，我的朋友会看到我接近外视界，并且我的时钟会比他的时钟更慢，直到停止。然而，他永远看不到我越过视界到达另一边的那一刻。

一旦我越过外视界，我就被迫坠入黑洞的中心，就像史瓦西黑洞的情况一样。在有限的时间之内，我将到达黑洞的内视界并通过它。这对于进入黑洞的任何粒子来说，都是不可避免的，就像史瓦西黑洞中的任何粒子都将不可避免地抵达它的中心。一旦我穿过克尔黑洞的内视界（请注意这个视界不是事件视界），引力场就不再强大到足以迫使我继续向黑洞中心坠落。

此时，我有 3 种可能。

第一种可能：我将无限期地停留在内视界中。有可能，但这种可能性意义不大，在此不多赘述。

第二种可能：我去往黑洞的中心，那里有奇点。克尔黑洞中心的奇点与史瓦西黑洞中心的奇点不同：后者的奇点呈点状，潮汐力足以使任何有限尺寸的物体瓦解；而在克尔黑洞中，奇点呈环形，其对称轴平行于黑洞的旋转轴。这个环形奇点形成了通往另一个宇宙的入口，和《星际之门》（*Stargate*）中的门户极度相似。如果我从两侧中的一侧进入环，我不会发现自己在环的另一侧，而是进入了一个"平行宇宙"。"平行宇宙"是一个可以被认为是独立宇宙的时空，仅通过环形奇点与我们的初始宇宙相连。一旦进入平行宇宙，我可以决定是无限期地停留在那里，还是再次穿过同一扇门回到黑洞内部。在平行宇宙中没有视界，我可以很容易地到达距离环形奇点很远的地方，那里的时空几乎是平坦的。存在于《神秘博士》中的反物质宇宙可能只是克尔黑洞内一个可以通过穿越环形奇点到达的平行宇宙。

第三种可能：我决定重新穿越黑洞的内视界，这次是以相反的方向。这是可能实现的，因为如前所述，内视界内部区域的引力场并没有事件视界和内视界之间区域的引力场那么强。然而，通过这个操作，我发现我并没有回到我之前穿过的黑洞中位于外视界和内视界之间的时空区域。相反，我进入了一个"白洞"，更准确地说，是进入了它的内视界和外视界之间的区域。如果说黑洞是一个只进不出的时空区域，那么白洞就是只出不进的时空区域。在白洞内部，我们既不能再次穿越内视界，也不能向内视界之外发送任何信号：任何物体或光信号都会被抛向白洞的外视界，因此只有可能从中退出（与黑洞中发生的情况正好相反，在黑洞的外视界和内视界之间的区域，任何东西都会坠入内视界并且必须通过它）。一旦离开白洞，我发现自己处于克尔时空的外部区域：我看到一个克尔黑洞，远离物体的时空几乎是平坦的。然而，我没有回到我朋友所在的时空，我在另一个宇宙，那里有一个克尔黑洞。

此时，我可以穿过外视界进入新的克尔黑洞，然后穿过黑洞内视界，并以相反方向重新穿过内视界进入一个白洞。退出白洞后，我发现自己位于一个带有克尔黑洞的第三宇宙的外部区域。我可以无限重复上述操作，每次都会达到一个新的宇宙。然而，要回到一个已经存在的宇宙是不可能的，那是因为一旦进入某个宇宙的黑洞，就不可能再回到那个特定宇宙的外部区域。事实上，有可能表明，如果一个人可以回到一个已经存在的宇宙，那么他就会回到过去（这通常被认为是一种无法实现的可能性，尽管在广义相对论的背景下是可能的。我们将在本书的第8章中讨论）。

为了完整起见，我们还可以分析赖斯纳－诺德斯特洛姆黑洞（带电荷的非旋转黑洞）和克尔－纽曼黑洞（带电荷的旋转黑洞）。尽管对于真正的黑洞而言，电荷数通常可以完全忽略不计。对于克尔－纽曼黑洞而言，所有针对克尔黑洞所作的分析都是有效的，两者的情况没有区别。而赖斯纳－诺德斯特洛姆黑洞与它们相似但不完全相同：赖斯纳－诺德斯特洛姆黑洞也有两个视界，也可以通过白洞通向其他宇宙，但与克尔黑洞的不同之处在于奇点。赖斯纳－诺德斯特洛姆黑洞的奇点是点状的，不呈环形，因此没有和平行宇宙的任何潜在联系。正因为如此，《三个博士》这一集中的黑洞必定是旋转的。在电影《黑洞》中，在黑洞内看到的地狱红和天堂之光显然是电影作者叙事意象的一部分，与广义相对论中的黑洞无关。不过，克尔黑洞解、赖斯纳－诺德斯特洛姆黑洞解和克尔－纽曼黑洞解确实预见了这样一种可能性：进入黑洞后，我们可以通过白洞退出（如同《星际迷航》中发生的那样）。

话虽如此，由一些大质量天体的引力坍缩产生的"真正"黑洞的内部可能不同于克尔黑洞的内部。首先，克尔黑洞虽然是爱因斯坦广义相对论方程的一个解，但这一事实并不足以使其成为一种自然界中可实现的时空。特别是一个解要成为现实，必须是稳定的，引力场的小扰动（如由在黑洞附近经过的微小粒子引起的扰动）不会对解本身造成根本性的改变。在克尔解的情况下，黑洞的外部区域正如前所述，黑洞附近经过的小粒子不会对外部时空造成任何根本性的改变（这就是为什么人们认为克尔的外部解近似描述了我们宇宙中可追溯的真正黑洞的外部时空）。然而，黑洞的内部区域却呈现出另外一番景象，其内视界是不稳定的。进入黑洞的粒子会坠向内视界，但在抵达内视界之前，它所面临的时空与克尔解所描述的时空截然不同。目前我们无法计算该黑洞解将如何演化，但我们知道，即使假设一开始的情况正是克尔解所描述的那样，引力场也会发生根本性的改变。所以，目前我们无法对此做出任何预测。

第二个要考虑的因素是，存在一个黑洞和白洞的克尔解是爱因斯坦方程的一个解，前提是其所在的宇宙一直以现在的方式存在。它不是我们所期待的由天体坍缩形成的黑洞的时空。更确切地说，在这种情况下，我们所期待的是，由天体引力坍缩产生的黑洞外部时空至少和克尔的外部解非常相似，但内部时空应该是不同的。即使是广义相对论，很可能也不足以完整描述黑洞内部的时空，主要是因为这超出了它的有效性范围。另外，即使忽略这一因素并无条件地相信广义相对论的预测，我们目前也无法计算出一个由天体坍缩形成的黑洞内部的时空。

在过去的40年里，人们对宇宙黑洞的内部形态做了大量的理论推测。在某些模型中，尽管黑洞不是由普通物质组成的，但它实际上与具有准表面且没有事件视界的恒星没有太大区别。在其他模型中，天体坍缩形成黑洞后仍将继续不断地坍缩，但坍缩的速度会越来越慢，这样就在黑洞中心创造了一个永远不会退化成奇点的物质核心。另一种被广泛考虑的情景是在黑洞内部有可能形成小宇宙，在这里物质会坍缩，直到引力达到排斥状态并引发"反弹"。也就是说，在黑洞内部创造一个新的膨胀宇宙（在本书末尾将更详细地讨论这种可能）。关于黑洞内部膨胀宇宙的预测还有一种版本，即黑洞无法"阻止"膨胀区域，因此会导致某种黑洞爆炸。对于外部观察者来说，这样的坍缩爆炸过程可能需要很长时间，我们的天文观测可能将之记录为一个如广义相对论预测一般的"正常"的黑洞。

结论

历史上的某些角色进入黑洞后并没有死亡，而是发现自己进入一个新的宇宙，这种情况在科幻文学中并不少见。对于广义相对论中的非旋转且电中性黑洞，任何进入黑洞的人都将不可避免地会坠落到它的中心。由于潮汐力，任何延伸的物体在到达中心之前都会被摧毁。对于旋转着的和／或非电中性的黑洞，由于内视界的存在，其内部结构更加复杂。

任何人都将不可避免地到达并穿越内视界，就像在一个非旋转且电中性黑洞中，任何人都将不可避免地到达其中心。不过，抵达那里后有可能从白洞离开，并来到一个新的宇宙。

在我们的宇宙中，由天体坍缩形成各种黑洞，它们的内部差异可能非常大。目前我们无法基于广义相对论假设"真正的"黑洞内部有什么，广义相对论或许也无法给出正确答案，这是因为超出了它的有效性范围。从理论上来说，进入一个黑洞并来到一个新的宇宙（非起始宇宙）是有可能的。目前这种可能性也被认为是在黑洞内部发生坍缩并引发反弹创造新宇宙的背景下的一个合理假设。进入一个黑洞后来到同一宇宙的另一个点，或者像电影《星际迷航》中一样回到过去，这种可能性从客观上看起来更像是一个科幻场景。

7　超越光速

戴着眼镜、有着一头蓬乱金发的年轻男子成功了：他破解了遗失的符号，激活了装饰有古埃及象形文字的巨石圆环。探测仪以逐渐增加的灯光和电子声音对序列进行采样，圆环随之旋转。圆环周围有一群士兵和考古学家，他们正在屏息凝神地注视着眼前的一切。老妇人转向解开谜团的考古学家丹尼尔杰克逊（Daniel Jackson）博士，指着圆环说："我父亲于1928年在吉萨发现了它，它由一种地球上不存在的材料制成。"她微笑着继续说道，"我们从未能够完全破解序列"。话音刚落，周围一切开始震动，从圆环中冒出一种无色液体，如同喷泉般，突然喷射而出。地下实验室的墙壁也随之颤抖。"这是种可怕的能量"，那妇人感叹道。

不久，他们决定让一小队士兵继续探索，穿越那个从各方面看起来都像是个传送门的地方。更确切来说，这个传送门可以被称为"星际之门"，正如杰克逊从象形文字破译出的那样。奥尼尔（O'Neal）上校希望杰克逊也加入他们的队伍，以化解其他可能面临的谜题。他们战战兢兢地在狭小的通道中前行，在通道的尽头，他们穿过了一道宛如瀑布的液态光屏障。杰克逊博士在队伍的最后，他停下脚步，试探着用手在传送门的液体表面来回摸动。他微笑着观察，就在顷刻间，他进入了传送门内。他看到了一条光隧道，正在以无法形容的速度向前旋转。那速度超越了人类的一切经验，他正在以比光更快的速度，以比地球表面上任何事物都更快的速度穿越宇宙。恒星也只不过是在他身边流动的影像。随后，突然出现了最后一束光：那是奥尼尔的手电筒，奥尼尔问他是否安好。杰克逊环顾四周，既困惑又惊讶：他们来到了一个未知的星系，不知道之后会发生什么。

在 1994 年由罗兰·艾默里奇执导的电影《星际之门》中，传送门是到达阿比多斯的唯一途径。阿比多斯是虚构的卡利亚星系中的一颗行星，距离地球数亿光年。星际之门是连接两个距离极其遥远的世界之间的捷径。这两个星球，正如我们即将看到的，仅凭以低于光速的速度行进，是永远无法接近的。

在奇幻传奇《魔兽争霸》(Warcraft Orcs & Humans) 中，也有和《星际之门》非常相似之处。《魔兽争霸》是诞生于 20 世纪 90 年代中期的电脑端即时战略游戏，之后又拓展到长篇小说、短篇小说、桌面游戏、漫画以及 2016 年上映的电影。故事发生在一个与我们相似的宇宙中，然而，那里不仅有人类居住，还有分散在各个星球上泰坦、兽人、地精、矮人和精灵。正如电影《魔兽争霸：开端》(Warcraft: The Beginning) 中所讲述的，一切起源于邪恶的兽人巫师古尔丹 (Gul'dan)。为了将他的人民从不断的自相残杀中拯救出来，他建立了一个维度传送门。经由此门，兽人可以离开垂死的德拉诺星球，入侵人类居住的艾泽拉斯星球来满足他们对鲜血的渴望。

如果不超越光速，《星际迷航》系列电影中的太空探索也是不可能实现的，因此电影中的宇宙飞船都配有基本的"曲率引擎"。在 1996 年由强纳森·佛瑞克斯（Jonathan Frakes）执导的电影《星际迷航：第一次接触》(*Star Trek: First Contact*) 中，解释了泽弗拉姆·科克伦（Zefram Cochrane）博士如何在 2060 年左右建造了人类第一台曲率引擎。在《星际迷航》传奇中，这是人类历史上的一个核心时刻，因为测试发射被一艘瓦肯探测舰侦测到，两个星球的居民有了第一次接触。事实上，瓦肯人掌握曲速航行技术已有一段时间，只有当某星球居民也掌握这项技术时，他们才有兴趣与之进行互动。别忘了斯波克也是一名瓦肯人，因此如果没有科克伦超越光速的尝试，我们将永远不会在电视上看到六七十年代最受观众欢迎的角色之一。

我们自然会好奇：在影视的幻想世界之外，星际"门户"或曲率引擎在科学上有多合理？超越光速是否真的有可能实现，或者至少在现实中是可以想象的？

当我们谈论星际旅行时，首要的问题便为是否存在某个无法超越的最大速度，这比其他问题都重要得多。我们的银河系直径约为 20 万光年；除了围绕我们星系运行的小型卫星星系之外，距离我们最近的星系是仙女座星系，距离我们约 250 万光年；而可见宇宙的直径约为 1 000 亿光年。显然，即使以速度极快的光速前行，也不足以探索我们的银河系，更不用说在宇宙中旅行了。即使宇宙飞船可以以接近光速的速度飞行，在飞船上存在时间变慢效应（参考本书的第2章），对于留在地球上的人来说，旅程的持续时间仍然太长。总而言之，为了实现星际旅行和星系间旅行，能够以某种方式超越光速绝对是必要条件。

正如前文所述，光速是通信信号传播的最大速度，这一事实是狭义相对论的一个假设。像所有公设一样，它不能被一劳永逸地证明，而只能被反驳。目前我们掌握的所有实验数据都与这个假设完全一致，因此我们相信它是正确的，但如果有一天有新的观察证据违背了该假设，我们将不得不修改现存的理论。

请注意我们所讨论的最大速度是"真空中的光速"，通常用字母 c 表示，它的值略低于 300 000 千米/秒。在一般情况下，光速则用 c/n 表示，如前所述，c 是真空中的光速，而 n 则是光传播所在介质的折射率。由于 n 大于 1（它的确切值取决于介质的特性），通常光速总是低于它在真空中的速度。当然，粒子在折射率为 n 的材料中也可以超过速度 c/n。事实上，这不仅是可能的，而且在某些类型的粒子探测器中也得到实际应用，即所谓的"契伦科夫探测器"。如果带电粒子在折射率为 n 的介质中以比 c/n 更高的速度运动，由于它超过了光在该介质中的速度，它会发出一种电磁辐射，这种辐射被称为"契伦科夫辐射"。它得名于首个提出该辐射的俄罗斯物理学家帕维尔·契伦科夫（Pavel Čerenkov）。契伦科夫探测器的目标正是探测超过速度 c/n 的带电粒子。通过对契伦科夫辐射特性的研究，还可以追溯导致这种辐射的粒子的能量和传播方向。

在狭义相对论中，无质量粒子（如构成光的粒子——光子）只会以速度 c 在真空中传播，而有质量的粒子（如质子和电子）只能以低于 c 的速度传播。将具有质量的粒子加速到更高的速度，需要更多的能量。例如，如果一个静止的物体需要100 瓦使其达到真空光速的 99%，那么需要 1 000 瓦才能使其达到真空光速的 99.99%，需要 10 000 瓦才能使其达到真空光速的99.999 9%。在理想情况下，需要无限大的能量才能使其达到真空中的光速。如果不推翻整个狭义相对论理论，就很难改变这个结论。也正如前面提到的，狭义相对论与所有当前的观测数据一致。

一种可能的替代方法是在理论中引入新粒子。如果在真空中以低于光速的速度传播的粒子永远无法到达真空光速，我们可以假设存在已经以高于 c 的速度传播的新粒子。实际上已经有人进行了类似的尝试，但在科学界内并没有获得特别的成功。这些新粒子被称为"快子"，它们的特性根据具体的模型而有所不同，但它们普遍只能以高于 c 的速度传播。也就是说，天生速度高于真空光速的人，将永远以高于真空光速的速度行进；天生速度比真空光速更慢的人，则将永远以低于真空光速的速度行进。

对快子存在的主要反对意见源于它们可能会违反因果定律，即任何结果都不能先于其原因。因果定律虽然不依附于狭义相对论，但一直以来它都被当作一个基本原理，因此人们会对可能违反因果定律的情况持怀疑态度。

说到这里，我认为 2011 年的"Opera 实验"值得一提。"Opera"即中微子振荡乳胶径迹（Oscillation Project with Emulsion Tracking Apparatus）的简称，该实验由日内瓦欧洲核子研究中心和格兰萨索国家实验室合作进行。在将位于瑞士实验室产生的一束中微子射向意大利位于拉奎拉附近的实验室后，研究人员声称中微子的运动速度超过真空中的光速，尽管这个速度差距并不是很大。实验结果发布后，大量的理论模型被提出，以某种方式解释这一实验结果。但最终证实这是仪器误差的结果，并没有真正出现超越真空中的光速的现象。

当今的电影和小说似乎很清楚超越真空中的光速是不可能的，为了解决跨越巨大距离的问题，作者和导演们不得不寻找其他类型的漏洞。值得注意的是，狭义相对论的假设仅禁止"局部"超过真空中的光速——我们可以称之为"瞬时速度"——但不禁止从一个点到另一个点的"平均速度"超过光速。

在《星际迷航》系列电影中，曲率引擎通过使飞船前方的时空变形，以减少飞船和其目的地之间的距离，在抵达后飞船会再次恢复到之前的状态。虽然如何实现这一点远非显而易见，但其基本思想并不违反我们已知的任何物理学基本原理。事实上，《星际迷航》中的飞船从未在局部超过光速：通过暂时收缩前面的时空，它们能够以低于真空中光速的瞬时速度行进，但这实际上能够允许它们移动得更快。

《星际之门》和《魔兽争霸》的情况就大不相同，人们通过时空洞实现穿梭。这种时空洞也叫"时空管道"或"时空隧道"，还经常被称为"虫洞"，即英文的"wormhole"。时空洞是可以连接同一个宇宙或两个不同宇宙中两个遥远区域的时空结构，如图7和图8所示。时空洞通常由两个"口"——洞穴的入口和出口（《星际之门》和《魔兽争霸》中的"门户"）以及一个"喉咙"（通道最狭窄的部分）构成。但也有可能存在更为复杂的结构，如由更多"口"组成的时空洞。

科学家们已经假设许多具有不同属性的时空洞。黑洞和白洞的组合也是一种时空洞。如第6章所见，这种组合可以被用作从一个宇宙到另一个宇宙的门户（虽然之后无法回到第一个宇宙）。在遥远的未来可能进行太空旅行的背景下，最"有趣"的时空洞是所谓的"可穿越"时空洞。顾名思义，这是可以从一侧穿越到另一侧后，再次回到起始区域或宇宙的隧道。正如《星际之门》的结局中，除了杰克逊由于剧情原因没有返回地球，其他幸存者都通过类似的隧道回到起始宇宙。隧道内的引力场永远不会破坏穿过它的非质点物体（如人类），因此隧道实际上可被用于通信。事实上，对于非质点物体，即具有有限面积的物体，就像所有的现实中的物体一样，强大的引力场可以摧毁物体本身。这是因为同一个物体的不同点受到的引力不同，不同的引力造成物体的扭曲，直至物体被彻底摧毁。因此时空隧道内的引力场是至关重要的，只有潮汐力无关紧要时，才能保证穿过时空洞的人可以保持完好无损的状态。

电影《星际穿越》中也出现了一条可穿越的时空隧道，该隧道位于土星附近，最初被认为是由某个旨在帮助人类的高等文明创造的。这里的时空隧道再次代表了一条捷径。隧道的另一边是卡冈图雅黑洞，围绕其运行的一些行星或许可能成为人类的新"家园"。卡冈图雅黑洞位于另一个星系中，时空隧道允许人类在一个合理的时间内，到达一个距离地球数百万光年的遥远星系。

图7展示了连接同一个宇宙中两个遥远区域的时空隧道。出于可视化的目的，我们使用了本书第4章中图4的相同规则：三

维空间被简化为二维小方格，不考虑时间维度，图中的第三维用于构建表示空间的二维表面曲率。图 7 中的区域 A 和区域 B 是给定时空中的两个区域，是时空隧道的两个出入口所在地。远离出入口的时空可能是几乎平坦的。区域 A 和区域 B 之间可能相距很远，时空隧道可能是从区域 A 到区域 B 移动的捷径，反之亦然。

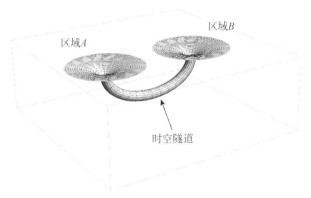

图 7　区域 A 和区域 B 位于同一个宇宙，但它们之间也可能相距很远，时空隧道可能是在区域 A 和区域 B 之间移动的捷径。

　　时空隧道还可以连接两个（或更多个）不同的宇宙。这就是图 8 所示的情况，图中我们始终使用相同的可视化方法来表示弯曲的时空。我们现在有一个宇宙 A 和一个宇宙 B，它们通过时空隧道相互连接。和图 7 不同的是，时空隧道在这里不是捷径，因为不存在从一个宇宙到另一个宇宙的其他途径（除非存在其他可能的时空隧道）。

　　对于一个复杂的物理概念来说，英文术语"虫洞"可能听起来有点过于口语化，但它很好地说明了时空隧道的含义。让我

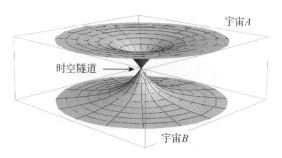

图 8 宇宙 *A* 和宇宙 *B* 通过时空隧道相互通信。

们设想一条生活在苹果里的蠕虫,对它来说,宇宙就是苹果的二维表面。从苹果的一点到沿直径方向的另一点,蠕虫可以在苹果的表面上移动。但它也可以在苹果里打一个洞,并通过此捷径到达目的地。蠕虫可以移动的表面就是我们用来代表时空的二维表面,苹果里的洞就如同一条时空隧道,可以实现从一个点到另一个点的快速穿越。

说到这里,问题非但没有减少,反而成倍增加。在我们的宇宙是否存在可穿越的时空隧道?它是否既能作为两个本来无法沟通的遥远区域之间的捷径,又能作为连接其他宇宙的通道?可穿越的时空隧道是广义相对论可预见的吗?如何创造可穿越的时空隧道?如果在我们的宇宙中发现了一条可穿越的时空隧道,如同电影《星际穿越》中发生的那样,我们是否可以将它作为太空旅行的捷径?

我们在第 4 章谈到爱因斯坦的广义相对论方程,

$$几何(t, x, y, z)=物质(t, x, y, z),$$

即时空的曲率是由物质的性质决定的。如果我们对物质在时空中的性质和分布没有特别的限制，那么一切，或者几乎一切，都是被允许的。这并不意味着广义相对论"预测"了时空隧道的存在，更简单地说，它并不排除时空隧道的存在。无论引力理论如何，时空隧道存在的可能性都是弯曲时空可能性的衍生。

为了更好地理解，我们可以试着想象一个有着可穿越时空隧道的时空。我们可以想象一个时空，它和我们的宇宙一样，有着3个空间维度和1个时间维度，但我们也可以想象一些更为奇特的时空。一旦我们选择了我们的时空，无论现实与否，它的几何形状是固定的，我们就可以计算爱因斯坦方程的左边部分——这需要一定的数学知识，但这只是计算，和物理学无关。此时，我们可以确定广义相对论中需要什么样的物质才能得到我们所设想的有着可穿越时空隧道的时空。所需物质的性质可能很奇怪，我们可能从未见过这种物质，但原则上我们可以为每个时空找到合适的物质，并且认为该时空是广义相对论中在这种物质存在的情况下所对应的时空。通过这种方式，我们可以得出结论：在广义相对论中，可穿越的时空隧道需要某种有别于我们周围物质性质的物质，但我们不能排除宇宙中存在这种物质的可能性。

为了实现可穿越，时空隧道必须是稳定的。然而，广义相对论中时空隧道的典型问题就是它们并不稳定，且倾向于"关闭"：隧道自行坍塌，隧道的"喉咙"关闭，阻断了从隧道一个"口"周围区域穿越隧道抵达另一个"口"周围区域的可能性。这就好比山脚下的一条隧道：如果建造得不好，当有人经过时，很有可能会造成坍塌并阻碍道路。同样地，在这种情况下，时空中的物质可以发挥作用：物质必须提供必要的压力，使得隧道保持开放和稳定状态，防止它在引力场发生微小扰动的情况下（如物体经过隧道时）被破坏或是不可逆转地转变为其他物质。不过，如果我们已明确排除具有一般特性的物质，而考虑具有特殊性质的物质，那么稳定性的问题就可以解决了。

可穿越的时空隧道能够存在还有一个前提，那就是这种结构必须能够在物理过程中以某种方式被创造。一般来说，物质可以改变时空的曲率，这相当于使我们在本章和前几章中用来表示时空的二维表面"变形"。但是，与二维表面的简单连续变形相比，对我们的二维表面进行"切割和缝合"以完成转换是不可能的。如果我们想要通过"切割和缝合"的操作来改变时空的表面，则需要无限大的能量。因此在如今的宇宙中，创造时空隧道似乎是不可能的，更不用说根据我们自己的意愿进行创造了。

然而，在早期宇宙中，时空隧道有可能由于量子引力效应而产生，并一直存在至今。如果我们想在如今拥有时空隧道，这似乎是最合乎情理的情况。但即使在这种情况下，也需要超越经典理论——广义相对论的物理学。

结论

我们能否将可穿越的时空隧道作为太空旅行的捷径？如果时空隧道存在的话，答案很可能是肯定的，但它们存在的所需条件并不容易满足。如果时空隧道真的存在，它们可能是允许我们在合理时间内，从我们宇宙的一个部分到达另一个部分的唯一途径。根据狭义相对论，任何宇宙飞船都无法超越真空中的光速，因此为了大幅缩短从一个地方到另一个相距很远的地方的旅行时间，唯一的方法就是找到一条更短的路线，也就是所谓的捷径。

广义相对论并没有"禁止"时空隧道的存在。然而，时空隧道存在的所需条件并不容易满足：在早期宇宙中，时空隧道有可能由于量子引力效应而产生，其所需的物质应具备特殊性质，否则隧道会自行坍缩并关闭。根据我们自己的意愿，打开和关闭可穿越的时空隧道以从宇宙中一个地方移动到另一个地方，似乎是无法实现的。但即便如此，我们也不能排除有目前未知的方法可以允许我们获得这些捷径。

电影《星际迷航》、《星际之门》、《魔兽争霸》和《星际穿越》中的星际旅行和星系间旅行，目前只停留在科学幻想的阶段，但我们不能完全排除有一天它们将成为现实。

8　穿越时间的旅行

1955 年 11 月 12 日，夜色漆黑，狂风大作，电闪雷鸣。白发老头儿正惊慌失措地在法院屋顶上倒腾着电缆，等待着将在晚上 10 点 04 分击中大楼的闪电，时钟将在那一刻永远停止。身着红夹克的小伙儿满怀焦虑地注视着他，与此同时，他正试图在一辆约 30 年后才被生产的怪异的灰色跑车上安装天线。老头儿把电缆搞得一塌糊涂，随着时间一分一秒地流逝，他倍感压力：闪电必须要在跑车加速的那一刻击中它，不然小伙儿将置身险地。这位名为马丁（Martin）的年轻小伙儿坐上了"德罗宁号"跑车，略费周章地启动了引擎，却发现布朗（Brown）博士手中的电缆仍处于断开状态。他不禁深吸了一口气。顷刻间，闪电袭来，布朗博士在千钧一发之际，将电缆的两端连接了起来，"德罗宁号"跑车被闪电击中后消失在空中。就这样，马丁回到他所属的未来——1985 年。由于他对过去的干预，让他和他整个家庭的未来也变得更好。可喜可贺！

由罗伯特·泽米吉斯（Robert Zemeckis）执导的电影《回到

未来》（*Back to the Future*）的结局堪称电影史上最著名的时刻之一。1985 年上映的这部电影是泽米吉斯广受欢迎的"时间旅行三部曲"的第一部，讲述了由克里斯托弗·洛伊德（Christopher Llogd）饰演的布朗博士以及由迈克尔·J·福克斯（Michael J. Fox）饰演的马丁驾驶时间机器（一台"德罗宁 DMC-12 型号"），在未来和过去之间穿梭的冒险经历。穿梭到过去或是为了改变历史的进程，或是为了弥补造成严重后果的无心之失。例如，在第一部电影的开端，布朗博士被谋杀，马丁一家陷入严重的经济危机和个人危机中，穿梭到过去的马丁被少女时代的母亲洛莲（Lorraine）追求并热吻。在第二部中，马丁不慎将未来出版的体育年鉴遗落在街头，马丁父亲的死对头贝夫（Boeuf）在获得该年鉴后，成功赌博致富，娶了马丁的母亲，并将整个城市变成一个由他主宰的大型赌场。一系列看似荒谬又富有想象力的未来发明贯穿全系列电影。电影中出现的平板电脑、视频通信、平板电视、谷歌眼镜、没有操纵杆的视频游戏（如 Kinect）和高科技服装等如今一一成为现实，印证了很多时候虚构和现实之间是可以相互转换的，不可思议也可以成为可能。

远在爱因斯坦提出广义相对论之前，时间旅行就是科幻小说和电影中出现频率极高的主题。由英国作家赫伯特·乔治·威尔斯（Herbert George Wells）创作的小说《时间机器》（*Time Machine*）是最早讲述时间旅行的叙事作品之一，小说创作于 1895 年，早于狭义相对论的提出。小说讲述一位古怪的科学家发明了一种机器，能够在时间维度上任意驰骋于过去和未来，他曾乘坐机器到达公元 802701 年。那时，人类分化为两个种族——崇尚和平的爱洛伊人和面目狰狞的莫洛克人。莫洛克人养肥了爱洛伊人并以之为食。发明家继续向未来飞行，此时人类早已灭绝，各种形似螃蟹或蝴蝶的动物主宰了整个世界。未来3 000万年后的景象更是令人触目惊心，地球停止了转动，到处是一片死寂，只有长着长长触角的巨大物体在蠕动。时间旅行者逃离了未来世界，回到了他的时代。

在威尔斯的书出版之前，文学中的时间旅行不是以"技术"手段达成的。例如，在查尔斯·狄更斯（Charles Dickens）1843年的小说《圣诞颂歌》（*A Christmas Carol*）中，3个鬼魂带着厌世和吝啬的克鲁奇（Krutch）穿越过去、现在和未来，带着他重新审视了自己的良心和内心的孤独。在古代，人们相信只有超自然的生物、先知或是像梅林（Merlin）这样的魔法师才可以在时间中穿梭。在广义相对论提出后，科幻小说中的这一流派才呈井喷式爆发，关于该主题的作品多到难以统计。最常用的策略，正如我们在《回到未来》中看到的那样，是令角色穿越到过去以改变现在，或者穿越到未来以了解未知事件或带回未知技术。用时间旅行改变历史的可能性往往会导致"平行宇宙"的存在，也就是说，存在同时共存的相互分离的不同宇宙，而这些宇宙正是从改变过去的可能性中产生的。

这种时间旅行在《星际迷航》系列中很常见，1986年上映的《星际旅行4：抢救未来》（*Star Trek IV: The Voyage Home*）是其中最具代表性的一部。影片开端，柯克船长和他的船员们正在返回地球的途中，由于他们偷窃并摧毁了"进取号"太空飞船，他们即将受到军事法庭的审判。当他们即将抵达时，得到消息说地球正遭到一艘神秘外星飞船的袭击。这艘外星飞船发出的信号能够中和任何形式的能量，对地球大气层造成破坏性影响，引发灾难性风暴和洪水。著名的长着尖耳朵的瓦肯人斯波克却察觉到，这艘外星飞船并没有恶意：实际上，它只是想与座头鲸交流，但座头鲸早在地球上灭绝了。柯克船长和他的船员们于是决定开展一次时间旅行，回到座头鲸仍存在的 20 世纪，并将它们带入 23 世纪，以满足外星人的愿望，从而拯救地球。柯克船长一行回到了 1986 年的旧金山，手足无措地应付着 3 个世纪前的美国社会。在历经重重磨难后，我们的英雄成功完成了任务，作为奖励，他们获得了军事法庭的赦免。

　　当然，时间旅行也有可能非常危险，随之而来的一些影响甚至是相当诡异和令人不安的。于 2014 年上映的由迈克尔·派瑞（Michael Spierig）和彼得斯·派瑞（Peter Spierig）兄弟联袂编剧并执导，由伊桑·霍克（Ethan Hawke）、莎拉·斯努克（Sarah Snook）主演的科幻惊悚片《前目的地》（Predestination）中的情节便是如此。（对于该类型的电影，下文将不得不涉及大量剧透，所以如果你们想避免这一剧透，可直接跳至下一段。）电影以想象中的未来世界为背景，其主人公是一名时间特工，他奉政府之命，穿越时空以提前阻止尚未发生的罪行。他的调查对象是一位名为"炸弹客"的恐怖分子。在调查过程中，他在酒吧遇到了约翰（John）。约翰向他讲述了自己的辛酸故事：约翰生来是女孩，她被遗弃在孤儿院，取名为简（Jane）；成年后，她邂逅了一位神秘男子，这位男子引诱了她，在她怀孕后又抛弃了她。在分娩过程中，医生们发现简同时拥有男性和女性的生殖器官，由于手术并发症引发的大出血，他们被迫摘除了简的女性生殖器。经过一系列手术后，简最终变性成为约翰。与此同时，在住院期间，她的小女儿还被劫走。于是，时间特工建议约翰穿越时空完成他的复仇之路；约翰接受建议，一系列非常复杂的环形时间悖论由此开启。约翰发现简的诱惑者正是他自己，在自己成为时间特工后，也是他自己绑架了简的女儿，把她带回过去并抛弃在孤儿院。更耸人听闻的是，约翰在酒吧遇到并帮助他回到过去的那个男人也是他自己。因此，父亲、母亲和女儿其实是同一个人，他在时间旅行中的所作所为也无形中让这一切成为可能。

如果说依靠想象，我们可以通过无穷多的可能形式开展时间旅行，但在一本书中我们只能穷尽一种可能。2014 年上映的由道格·里曼（Doug Liman）执导、由汤姆·克鲁斯（Tom Cruise）、艾米莉·布朗特（Emily Bronte）主演的科幻电影《明日边缘》(*Edge of Tomorrow*) 向我们讲述了时间旅行的另一种可能。除了情节之外，触发该电影叙事的机制也很有趣。威廉·凯奇（William Cage）少校被派往战场，对正在入侵地球的长着触角的拟态外星生物进行最后一次袭击。凯奇少校在战斗中阵亡，在濒死之际，他接触到一种罕见的拟态外星人阿尔法的血液。阿尔法拥有控制时间的能力，凯奇少校因意外融合了它的血液，也获得了这种能力。凯奇闭上双眼后，重新在战役前一天醒来；他再度来到战场，一次又一次在任务中阵亡，一次又一次在战役前一天醒来。每次死亡后，他都会在命中注定的那一天前 24 小时醒来，但由于曾经的经历，他能预见到即将发生的一切。也就是说，这里形成一个所谓的"时间环"，某些角色被迫在一个无限循环的圈中不断重复过去的经历。

如前所述，涉及时间旅行的小说和电影不胜枚举。在简要回顾其中一些经典作品后，我们自然而然地会产生以下疑问：电影《回到未来》、《星际旅行4：抢救未来》或《前目的地》中关于时间旅行的假设是科学事实，还是纯科学幻想？我们可以回到过去、改变现在吗？《明日边缘》中的时间环是纯属虚构的吗？

为了避免一些莫须有的幻想，首先我们需认清以下现实：广义相对论并没有明确预示时间旅行的可能性。这似乎会将一切关于该主题的讨论扼杀在摇篮中，但实际上情况要更为复杂。然而，让我们有所宽慰的是，广义相对论似乎也没有排除时间旅行的可能性。更确切地说，根据爱因斯坦方程的某些解，回到过去是有可能的。当然，这并不意味着这些解在本质上是符合物理规律且可行的：正如我们在第4章和第7章中强调的那样，如果时空中的物质具有足够古怪的性质，爱因斯坦方程几乎可以提供任何类型的解。

"哥德尔时空"或许是爱因斯坦方程解中允许时间旅行的最著名和最具象征意义的例子。这是德国数学家库尔特·哥德尔（Kurt Gödel）在1949年发现的爱因斯坦方程精确解，该解显然不是病态的。哥德尔解描述了一个旋转的宇宙，这种宇宙不膨胀，而我们所在的宇宙是在不断膨胀的（第9章我们将对此简要讨论）。因此虽然该时空不是我们生活的宇宙，但在爱因斯坦理论的背景下，它仍然是一个可能的宇宙。而且由于该时空中任何一个普通观测者都可以在旅行后回到最初的起点和最初的时间，它经常被作为爱因斯坦方程解的一个例子而被提及。

科学界众所周知的爱因斯坦方程精确解的另一个例子是第5章介绍过的克尔时空。如前所述，该解的特征是由两个参数决定，即中心体的质量和角动量。角动量的值不是任意的：它必须小于某个取决于质量的临界值；如果角动量保持在这个临界值以下，我们就有了一个带有事件视界的黑洞（在第5章中我们已经讨论过这种情况）。我们在第5章中没有说的是，如果角动量超过这个临界值，事件视界就会消失。我们会得到一个"裸"奇点，即一个不受任何事件视界保护的奇点。在这种情况下，观测者可以前往这个看上去像一个环的奇点，穿过它到达另一个宇宙，经过一段旅行后，在穿过环奇点之前的时间回到原始宇宙。这正是我们所期待的时间机器，因此如果增加中心体的角动量，克尔解可以从黑洞转变为时间机器。在黑洞解的情况下，因为我们无法从中逃脱，所以无法拥有任何时间机器。

需要注意的是，没有事件视界的克尔时空虽然是爱因斯坦方程的精确解，但是它被认为是不物理的。首先，我们不知道如何创建这样一个具有两个宇宙且没有事件视界的时空：我们很清楚如何创建克尔黑洞，但我们不知道如何创建没有事件视界的克尔时空中的裸奇点。这很有可能是不可能的。其次，即使可以创造一个角动量超过事件视界存在临界值的克尔时空，爱因斯坦方程表明，这样的解是不稳定的。这意味着它会在短时间内变成其他物质，很有可能会成为一个具有事件视界的克尔黑洞。因此爱因斯坦方程有可能对非物理解有某种"自卫功能"，尽管我们目前尚未掌握关于这种说法的相关证据。

尽管广义相对论提供了回到过去的解——哥德尔时空和克

尔时空只是两个最著名的例子，但科学界普遍认为时间旅行是不可能的。如果时间旅行是可能的，那么它会违反因果定律。如果不以给出严格定义为目标，我们可以将"因果定律"简单概括如下：任何结果都不能先于其起因。提醒我们这一点的，有"祖父悖论"：假如一个人回到过去，在他祖父认识祖母前将其杀死，那么作为杀手的孙子为什么会存在呢？这是电影《回到未来》三部曲中的主题之一，过去的行为有可能抹去角色本身在未来的存在。作为一个原则，我们不可能证明因果定律是正确的：所有当前的实验数据都符合因果定律，因此我们假设它是正确的，但如果在某一刻我们意识到我们可以以某种方式违反因果定律，我们应当适当修改理论，使其与新的实验数据兼容。需要注意的是，因果定律独立于广义相对论：后者可以允许时间旅行，但上述时间旅行的实现需要违反已被认为是公认正确的因果定律。

量子力学中所谓的"多世界诠释"，可以支持时间旅行的可能性。"多世界诠释"也被称为"艾弗雷特诠释"，它最早由美国物理学家休·艾弗雷特（Hugh Everett）于1957年提出。其核心思想是，过去和未来的所有可能变体都是真实的，它们中的每一个都构成一个世界（因此被称为"多世界"）。换而言之，平行存在无限的宇宙，这意味着每一个可能发生在我们宇宙的过去但没有发生的事件，会在其他宇宙的过去发生。

为了更好地理解艾弗雷特诠释，让我们退后一步。在经典理论（即"非量子"理论）中，每个解对应于一个明确定义的系统状态。例如，假设我们有一只猫，它可以处于两种状态——"活着"或是"死亡"的状态。在经典世界中，不存在任何歧义：猫要么是活的，要么是死的，它不可能同时处于两种状态。在量子理论中，系统可以处于多种解的叠加状态。继续以猫为例，我们可以有一只 50% 存活和 50% 死亡的猫。根据量子力学最常见的解释——"哥本哈根解释"，它是以物理学家尼尔斯·玻尔（Niels Bohr）和沃纳·海森堡（Werner Heisenberg）进行研究的地方"哥本哈根"命名），猫处于可能状态的组合中，当我们进行测量以验证它是死是活，系统会向可能状态之一坍缩，其概率取决于每个状态对于系统配置的贡献。继续用我们的例子来说，我们将有 50% 的概率发现猫还活着，也有 50% 的概率发现猫已经死了。在量子力学艾弗雷特诠释中，在我们进行测量之前，猫就已经是活的和死的。但活猫和死猫属于两个互不相互作用的不同世界。在有活猫的世界中，我们的测量结果会显示猫还活着，而在有死猫的世界中，我们的测量结果会显示猫已经死了。然而，在测量之前我们都无法知道我们处于活猫所在的宇宙，还是死猫所在的宇宙。

艾弗雷特的多世界诠释被看作一种时间旅行存在可能性的解决方案。时间旅行意味着从一个世界穿越到另一个世界，因此初始宇宙的未来不会被改变，因果定律以某种方式被维持。在祖父悖论的情况下，作为杀手的孙子会去许多可能世界中的另一个，在那里他会杀死他的祖父，在那个世界他不会出生（在许多其他他未到访的宇宙中，只要他的祖父因为其他原因而没有认识他祖母，他也不会出生）。但如果作为杀手的孙子可以回到他的初始宇宙，一切都不会改变。

在《星际迷航》中，"命定悖论"一词被用于描述某人穿越回到过去的行为最终造成他想要改变的事情发生。这显然承认了违反因果定律的可能性（正如之前所提到的，因果定律是独立于广义相对论的），电影中也没有采用艾弗雷特的多世界诠释。然而，我们可以将这个版本定义为"软"版本：历史只有一个版本，且不会被改变。进行时间旅行不是为了改变现在。一个人经历了一次穿越时空的旅程，然后意识到这一旅程对于塑造现在的状态是必不可少的。

电影《明日边缘》中的"时间环"又是完全不同的情况。事实上，这不是一个严格意义上的时间旅行，也没有违反因果定律。凯奇少校没有进行时间旅行，但他能够"逆转"时间，重新回到过去的某一刻，并知道未来即将发生什么。在这个宇宙中，祖父悖论是不可能发生的，因为没有人回到过去采取一些行动。虽然凯奇少将可以根据之前在时间环中得到的经验作出应变，但未来仅由现在决定。

诺维科夫（Novikov）的"自洽性原则"也为时间旅行提供了依据。俄罗斯物理学家诺维科夫在 20 世纪 80 年代提出：如果某个事件可以引起悖论或改变过去，那么该事件发生的概率为零。换而言之，时间旅行是被允许的，但违反因果定律的除外。这个原则显然有点刻意，实际上它也受到其他人的批评。它也不允许使用时间旅行达成我们想要的目的。还需要注意的是，无论是否违反因果定律，能够穿越时空并不代表能根据我们自己的意愿，自由穿越到某时某地。尽管在广义相对论中存在可以在时间中来回穿梭的时空，但我们无法得知如何创造一个真正的时间机器。像《回到未来》中的"德罗宁号"跑车和《前目的地》中的手提行李箱那样，有着固定尺寸，可以随意设置精确时间的时间机器，目前似乎只能存在于文学和科幻电影中。

结论

根据广义相对论的某些解，我们可以进行时间旅行，尽管尚不清楚这些解在本质上是否可行。科学界普遍认为时间旅行是不可能的，因为它会违反因果定律。因果定律独立于广义相对论，但目前被认为是一个基本原则。在这种情况下，电影《回到未来》、《星际旅行4：抢救未来》和《前目的地》中的时间旅行是无法实现的。因果定律的问题可以在量子力学多世界诠释的背景下解决：时间旅行是可行的，但只能影响平行宇宙。然而，目前多世界诠释不被认为是最可能的情况，而更多地被看作一种难以检验的理论哲学推测，即使目前还不能排除它。根据诺维科夫的自洽性原则，只要不引起悖论或违反因果定律，时间旅行是可能的。当然，该原则也受到强烈的批评。在这些条件下，大部分时间旅行甚至不会进行。《明日边缘》中的时间环没有违反因果定律，但广义相对论对此无任何说明。也许它们可以在一些目前无法被反驳的理论模型中被允许，但没有真正的理由将之理论化，因此相对于科学，它们似乎对科幻小说更有必要。

9 宇宙的诞生

　　一个声音打破了虚无，天和地就这样从虚无中诞生了。无限的空间成型，声音消退，在那时间还不存在的时候，一切又重归寂静。之后，那个声音再次响起并创造了光，称光为昼，称暗为夜，水被聚在一处，星辰在空中闪耀。现在，那个声音呢喃着唤醒了大地，大地孕育出新芽，树木茂密，结出累累硕果；又是一声低语，鱼儿在大海中雀跃，海面倒映着空中翱翔的飞鸟。上帝吐出最后一口气，地球上便迎来了无数的爬行动物、两栖动物、哺乳动物、两足动物、食草动物、狮子和羔羊、大象和骏马。一切又重归寂静，上帝在缓和呼吸后又吹了最后一口气，照着自己的形象创造了人。

　　在基督教传统中，旧约第一卷书《创世纪》的开头讲述了世界的创造。永恒存在的上帝在 7 天内完成创造。在天地万物造齐后，上帝歇息了并赐福他所创的一切，赐福和圣化第七天。

　　在古希腊传统中，世界并不是被创造的，世间的一切都源自为了权利而展开的一系列血腥斗争。《神谱》（*Theogony*）是古希腊诗人赫西俄德（Hesiod）的作品，创作于公元前7世纪初，描述了诸神的诞生以及他们对世界的划分。这部史诗告诉我们，宇宙的初始状态是混沌（卡俄斯），代表虚无的状态；随后4个实体以如下顺序自发诞生：混沌（空间）、盖亚（地神）、塔尔塔罗斯（冥神）和厄洛斯（爱神）。从这些单一的实体，或从他们的结合，产生其他主体：盖亚诞下了乌拉诺斯（天空之神）、乌瑞亚（山神）和蓬托斯（海神）。乌拉诺斯既是盖亚的儿子，也是盖亚的丈夫，他们结合诞下了众多子嗣，包括十二泰坦神、3个独眼巨人与3个百臂巨人。乌拉诺斯憎恨自己的孩子，惟恐其颠覆他的专权统治，于是将他们一个个都束缚在盖亚的体内。最终盖亚再也无法忍受乌拉诺斯的侮辱，联合其孩子共同反抗他们的父亲。然而，迫于乌拉诺斯的淫威，无人挺身而出，只有最小的儿子克洛诺斯答应帮助母亲推翻父亲。克洛诺斯成功地阉割了他的父亲，顺理成章地继任为王，统治整个宇宙。乌拉诺斯的生殖器和血液坠入了塞浦路斯岛附近的爱琴海中，从海里溅起的浪花中，诞生了象征爱与美的女神阿芙洛狄忒。

克洛诺斯与他的姐姐瑞亚结婚，诞下三男三女。由于其父亲乌拉诺斯曾诅咒克洛诺斯将来会被自己的一个子女推翻，他就做出一个残忍的决定，将生下来的孩子全部吃掉。赫斯提亚、德墨忒尔、赫拉、哈迪斯、波塞冬相继被吞噬，伤心欲绝的瑞亚设法拯救最后一个孩子宙斯，她将一块石头包在布里交给了克洛诺斯，成功蒙混过关。宙斯隐居在克里特岛的一个山洞中，由一只母山羊抚养长大。长大成人后的宙斯决定复仇，据说宙斯通过让父亲服用催吐药，成功地让克洛诺斯吐出了已经长大成人的5个孩子。还有另一种说法，宙斯是直接撕开了父亲的肚子，拯救了他的兄弟姐妹。宙斯联合其兄弟姐妹们，与父亲克洛诺斯正式开战，以获得宇宙的统治权。这场战争成功推翻了旧秩序，宙斯也成为了众神之王。

然而，和平在希腊众神居住的奥林匹斯山似乎只是短暂的存在。在宙斯和墨提斯（俄刻阿诺斯和泰西斯之女）结合后，有新的神谕宣布宙斯的一个儿子将推翻他夺走王位。然而，宙斯为避免重蹈其父辈的覆辙，设法打破这个诅咒。他采用一个最残酷，同时也是最有效的方式：在墨提斯诞下后代之前，他就吞噬了墨提斯，结束了继承循环，从而确保了对宇宙的永久控制权。之后，宙斯和不同的女神，甚至和凡人女子，生下了几十个孩子，但无人挑战过宙斯的权威。事实上，多年来最困扰宙斯的，是由于他无数次的背叛而引起了他的姐姐和妻子赫拉的嫉妒和愤怒。

我们周围的一切是如何产生的呢？这个问题自然而然地就冒出来，我们每个人曾经都不止一次地思考过这个问题。在我们之前的文明试图以各种方式来回答这个问题，最常见的方式是通过宗教或神话，并倾向于在某种神迹中寻找解释。前文，提到的那些仅仅是人类想象宇宙起源的无数尝试中的两个例子，在古代宇宙起源的叙述中，通常都需要有神的干预，因为这些叙述都必须遵循符合逻辑的时间观念。在历史中的某个时刻，我们根据日常经验，明白了万事都有"先"与"后"：如果某个系统被创造了，那么一定是之前就已经存在的某人或某物创造了它，而它们又是被更早的存在创造的。然而，延续这种推理，我们会陷入一个无限循环，永远无法找到一切的真正开端。关于这个方面，广义相对论有何说法呢？

有趣的是，在广义相对论出现之前，我们关于宇宙的知识极少，并且都是错误的。直到 20 世纪初，人们始终认为宇宙是静止的、一直存在且无限大的。根据这 3 个假设，天空应该是无限明亮的，这显然与夜晚黑暗的天空构成矛盾。这就是所谓的"奥伯斯佯谬"，由德国天文学家奥伯斯（Olbersia）于 1826 年提出。不过似乎在此之前，就已经有人注意到这个矛盾。简而言之，假设恒星是均匀分布在宇宙中的，这当然不是真的，但如果对大量数据进行平均，这似乎是一个合理的近似值。基于恒星是无处不在的，且处于一个无限的宇宙的假设，我们会获得一个无限明亮的天空。但这显然和我们晚上所观测的天空不符，也就是说，这 3 个假设中至少有一个是错误的，是哪一个呢？

爱因斯坦是第一个用他的理论建立描述宇宙的简单模型的人。他惊讶地发现，他的理论方程不允许静态宇宙的存在——宇宙要么膨胀，要么坍缩。然而，由于当时人们普遍认为宇宙应该是静止的，爱因斯坦试图寻找一种方式获得静态宇宙。他在自己的方程中引入一个项去抵消几乎无处不在的引力，用以保持宇宙的恒定不变。这一项被称为"宇宙常数"，通常用希腊字母 Λ（lambda）表示。宇宙常数的值应当很小，才能使在地球和太阳系中的实验不受可观测的影响。只有在宇宙尺度下，Λ 才可能有显著效应。爱因斯坦引入宇宙常数后构建的模型现在被称为"爱因斯坦宇宙"。

然而，宇宙常数并不能真正解决问题。这样构建的宇宙是不稳定的：只要场方程中某一个参数有稍许变化，那么宇宙模型就不可能保持静态，不是膨胀，就是坍缩。

1929 年出现了现代宇宙学发展的一个重要里程碑。那一年，美国天文学家埃德温·哈勃（Edwin Hubble）宣布观测到宇宙的膨胀，并测量出其膨胀速度。原来，宇宙不是静止的！哈勃在研究造父变星（一种非常明亮的变星）时得到启示：这类恒星有一个显著特点，也就是其光度会随时间变化。更有趣的是，其光变周期与它的光度之间存在关联性，周期越长，最大光度越大。这意味着这类恒星可用于测量它们所在星系的距离：先测量光变周期，由此推导出恒星的光度；再测量该恒星在地球上的辐射强度，以此获得恒星及其星系与我们的距离。然而，哈勃并没有就此止步，他还测量了遥远的寄主星系发出的电磁辐射波长从发射时刻到地球上测量时刻之间发生的变化，即所谓的红移，通常用字母 z 表示。

通过对大量造父变星的观测，同时测量了寄主星系的距离（d）和它的红移（z），哈勃发现 d 和 z 是成正比的：如果 d 增加，z 也增加。在狭义相对论中电磁波源和观测者作相对运动的背景下解释这一结果，哈勃写下了一个公式（现在被称为"哈勃定律"），它将星系的退行速度与其距离联系起来，更遥远的星系正以更快的速度远离我们。这一结果证实了宇宙的膨胀，如图 9 所示。

1927 年，比利时学者兼神父乔治·勒梅特（Georges Lemaître）得出爱因斯坦场方程的一个严格解，由此提出宇宙膨胀的预测和星系红移的观测。这比哈勃的发现还早了两年。只不过他的发现是纯粹的理论结果。哈勃的实验证实了宇宙不是静止的，而是在

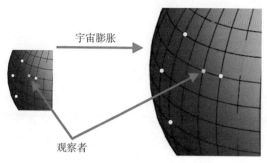

宇宙膨胀

观察者

图9　由二维方格面表示的宇宙在膨胀。观测者（黑点）看到星系（白点）以与它们的距离成正比的速度远离他。星系实际上并没有移动，而是宇宙在膨胀，并使星系远离观测者。

膨胀的。据说爱因斯坦声称引入宇宙常数以构成静态宇宙的想法是他一生中最大的错误。无论如何，应该指出的是，哈勃定律的诠释将星系的退行速度与其距离联系起来是不正确的。这种现象的产生，应在广义相对论宇宙膨胀的背景下进行诠释，而不是在狭义相对论平坦时空中波源运动的背景下。所以，哈勃定律仅适用于距离不太远且距离不太近、与我们的星系有引力联系的星系。

　　根据爱因斯坦场方程，宇宙不是膨胀就是收缩，而天文观测也证实了我们的宇宙正在膨胀。让我们试想一种绝热气体，通过使其膨胀，其密度和温度会降低，而通过压缩，其密度和温度会升高。宇宙以同样的方式运行。由于宇宙正在膨胀，那它之前的密度和温度一定更高。以此推论，我们可以得到一个初始时间，那时爱因斯坦场方程的解是奇异的，即无明确定义的：在这里宇宙的能量密度和温度是无限的，时光无法继续倒流。这个"初始瞬间"可以追溯到大约140亿年前的"大爆炸"，宇宙"诞生"时极度致密炽热，随着之后的不断膨胀而逐渐冷却。

我们可以合理地预期，在原初宇宙中从未达到过某些密度和温度。至少就我们所知，广义相对论似乎并不"完整"。宇宙起源于奇点这一事实，表明我们正在使用超出其有效性范围的理论。超过一定的能量密度，宇宙的动力学演化可能受到某种量子引力理论的影响。尽管目前我们尚未了解这种理论，但它应该能够解释广义相对论所无法解释的部分。

根据爱因斯坦场方程和目前粒子物理学的知识，宇宙最初应该是一种极其致密、炽热、膨胀的原始气体。

我们得到可靠观测证实的第一个事件是原初核合成，即原初宇宙中轻原子核（氘、氦3、氦4、锂7）的产生。大爆炸后大约1秒钟，温度约为100亿开尔文，自由质子和中子等组成原始等离子体。随着温度因膨胀而下降，质子和中子结合在一起形成氘核，即由质子和中子形成的原子核。大爆炸后大约3分钟，氘核大量生成，而之前由于温度过高生成的氘核会立即被等离子体中的电磁辐射破坏。随着氘的生成，一系列其他元素随之生成，包括氦3（具有2个质子和1个中子的氦核）、氦4（具有2个质子和2个中子的氦核）和锂7（具有3个质子和4个中子的锂核）。重元素的生成可以忽略不计。

在原初核合成之前，即温度高于100亿开尔文时，我们不知道到底发生了什么。根据粒子物理学的知识，我们可以想象在大约 1×10^{16}（1亿亿）开尔文的温度下会发生什么。我们或多或少地了解这个范围内的物理学，因为这是我们可以在粒子加速器

（如日内瓦欧洲核子研究中心的大型强子对撞机）中进行研究的。然而，对于 1×10^{16} 开尔文以上的温度，我们的预测基于未经证实的理论推测，因此不同的模型将预测不同的现象。

关于我们宇宙的真正"起源"，即宇宙究竟是如何诞生的，普遍认为爱因斯坦场方程预测的初始奇点并不是正确的答案。因为如前所述，超过一定的能量密度，爱因斯坦场方程无法正确地描述宇宙动力。

在解释宇宙诞生的各种猜测中，曾有人猜测宇宙并非诞生于一个初始奇点，而是源自一次"大反弹"。在我们的宇宙之前，可能有一个正在自我坍缩的宇宙（如前所述，爱因斯坦场方程只预测了坍缩和膨胀的宇宙）。然而，当达到非常高的密度时（我们至今无法在实验室中制造出如此高的密度），引力将变成排斥力，停止坍缩并开启一段膨胀期。也就是说，我们的宇宙可以像弹簧一样返回其原来的状态，宇宙的演化是周而复始的。宇宙膨胀，其膨胀速度减慢，膨胀到最大值后开始坍缩；坍缩以反弹告终，然后是一个又一个的循环。这种理论的确避免了爱因斯坦场方程解中的奇点，但它并没有解决问题。它把问题抛回了前一个宇宙，前一个宇宙又把问题抛回了再前一个宇宙，依此类推。我们的问题依然没有解决：第一个宇宙是哪一个？这一切究竟从何而来？

还有一个比上述场景稍微复杂一点的版本，即每个宇宙实际上都是一个黑洞的内部（我们在第 1 章和第 6 章曾提到过）。我们可以试想一个像我们这样的宇宙，宇宙中有恒星、星系和星系群。当一颗恒星耗尽其核燃料时，它就会坍缩。如果坍缩的部分足够重，就会形成一个黑洞。在黑洞内部，物质继续坍缩，达到更高的密度。达到临界密度后，引力会变成排斥力，物质就会反弹。对于黑洞外的观测者来说，恒星的引力坍缩产生了一个黑洞，观测仅限于此。而对于与恒星一起坍缩的观测者来说，物质的密度逐渐增加直至反弹。随后，物质开始膨胀，黑洞内部一个新的宇宙由此而生。这种机制适用于任何坍缩成为黑洞的恒星。从外部来看，我们只能看到一个黑洞。在内部，一个新的宇宙被创造，恒星、星系和星系群可以在其中形成。新生宇宙中的恒星也可以坍缩成为黑洞，在它们的内部包含了其他的新生宇宙。宇宙的数量在不断增长，母宇宙生成子宇宙，这些子宇宙再生成孙宇宙、曾孙宇宙。显然，即使在这种情况下，宇宙是如何诞生的问题仍然未得到真正的答案。问题抛给了之前和再之前的宇宙。

关键是基于我们日常经验所得到的时间概念，我们无法想象宇宙的开端。我们总是认为有一个瞬间先于另一个瞬间，每个结果都有一个特定的原因，宇宙的创造也应如是。虽然广义相对论通过引入弯曲时空，彻底改变了我们对时空的直观概念，但仍不足以解答整个宇宙如何诞生、为何诞生。我们可以推测，有某种超越广义相对论的理论能提供解释，尽管目前我们尚未了解这种理论。基于对广义相对论进行微小修改的理论模型是不够的。这些理论模型可以解决初始奇点的问题，如大反弹理论中所描述的那样，但它们无法对宇宙起源的问题给出详尽的答案。解答这个问题必然需要对广义相对论的时空概念进行深刻修正。

现在我们可以毫无畏惧地说，至今我们对宇宙是如何以及为何诞生的问题仍未找到一个令人满意的答案。那么宇宙的尽头是什么？对于我们的时间概念来说，这也是一个相当自然的问题。宇宙的尽头，和宇宙的起源一样，是一个反复出现在各种文明中的主题，通常与宗教信仰有关。在基督教中，时间的尽头是"末日审判"，世界将最后终结，那时上帝将审判所有人；"审判日"也出现在其他宗教中，如琐罗亚斯德教。根据物理学，我们宇宙的命运又将会如何？

　　在根据爱因斯坦场方程建立的宇宙模型中，宇宙的命运取决于构成它的物质。就普通物质（如质子、电子、光子等）而言，宇宙的命运取决于宇宙中存在的总能量密度，宇宙在膨胀，但膨胀速度在降低。如果宇宙的密度高于某个临界密度（为了有个大概的概念，大约是每立方米 10 个质子），在某个时刻，膨胀将停止，宇宙开始自行坍缩，最终回到类似其诞生时的状态：宇宙的能量将变得无限，接下来会发生什么是无法预测的。然而，在宇宙大反弹的理论模型中，宇宙会反弹并开始新的膨胀，随后坍缩，随后再次反弹，周而复始。如果宇宙的密度等于或小于临界密度，膨胀将是永恒的。

　　在存在宇宙常数的情况下，如爱因斯坦引入的获得静态宇宙的宇宙常数，情况就更加复杂。就普通物质而言，它的能量密度显然会随着宇宙的膨胀而降低，因为粒子在越来越大的空间内被稀释；而就宇宙常数而言，它的能量密度在宇宙膨胀期间保持不变。此外，宇宙常数作为一种反重力（anti-gravitational force），倾向于使宇宙以不断增加的速度膨胀。在一个普通物质和宇宙常数同时存在的宇宙中，宇宙的命运取决于两者的相对贡献。在膨胀之初，物质调节着宇宙的膨胀，因为它占了宇宙能量密度的很大一部分；随着时间的推移，物质的能量密度降低，而宇宙常数的能量密度保持不变，因此宇宙常数的能量密度可能会大于物质的能量密度，宇宙的动力学演化开始受到宇宙常数的调节。

普通物质和宇宙常数同时存在的宇宙有两种可能的命运。如果物质的能量密度足够高，物质能够在宇宙常数发挥作用之前停止膨胀并开始坍缩。在这种情况下，宇宙将自行坍缩，我们将得到一个奇异解（在修改引力的模型中，宇宙将反弹）。相反，当某一刻宇宙常数的能量密度超过物质的能量密度时，膨胀将从减速变为加速：这将导致宇宙膨胀越来越快，宇宙因此变得越来越空（empty）。目前的观测表明，我们宇宙 70% 的能量密度来自宇宙常数。如果情况确实如此，根据爱因斯坦场方程的预测，我们的宇宙将一直以越来越高的速度膨胀。

结论

基于我们对时间的直观概念，宇宙如何、何时以及为何诞生是顺理成章的问题。我们之前的文明也提出这个问题，他们的答案通常与每个文明的宗教传统有关。随着广义相对论的提出，构建可信的宇宙模型首次成为可能，这在牛顿力学的背景下是不可能的。然而，即使是广义相对论也不能完全回答这个问题。我们可以回到过去，研究宇宙的演化，但广义相对论无法告诉我们宇宙是如何以及为何诞生的。

换而言之，我们只能回到过去的某个点，超过这个点我们就不能使用广义相对论，因为已经超出其有效性范围。对广义相对论进行修改的理论模型可以解决一些问题，但仍不能回答关于宇宙诞生的问题。要找到这个问题的答案，似乎只能寄希望于一种相对于广义相对论进一步理解了时间的理论。

10 在太空的边缘

　　木星和它的卫星们在他眼前闪耀。空中漂浮着一块巨石，如无尽的黑夜般漆黑，不时来自远处的一缕阳光划破黑暗。四周回荡着里盖蒂（Ligeti）令人不安的音符。宇航员鲍曼（Baumann）知道他必须做什么：他乘着太空舱靠近巨石，越来越近，越来越近，直至几乎触碰到它。然后，一切都消失了，一段以宇宙中从未经历过的速度开展的旅程就此开启。鲍曼被淹没在光怪陆离的光流之中，穿越着近处和遥远的群星。那景象是如此的璀璨，但又太过于耀眼，鲍曼只能时不时闭上他的眼睛。飞船颤抖着向不可预测的方向行进。前方的光如今变成五彩斑斓的线条，向远处无尽延伸；飞船颤抖得越来越厉害。突然，一切都变成巨大的红光，之后又变成一条绿色磷光隧道，宛如镜子中的北极光。之后，又变成蓝色、紫色、黄色……鲍曼再也无法承受这一切。

　　他正在走向无限，走向无限宇宙的极限，走向不可能。他看到了宇宙的大爆炸，蜿蜒的波浪，又看到了恒星、黑洞，还有一些超越这一切的东西。突然，一切都消失了。鲍曼从太空舱里向外看去：他看到了一个以帝国风格布置的白色房间。宇宙终结的地方不是一个地方，而是一个时间。气喘吁吁的鲍曼看到了一个和他一模一样的人，那人也正一脸惊讶地盯着他在看：那人和他如出一辙，只是看上去更老些。那人就是鲍曼本人。他在白色房间中继续前行。他穿过卫生间，看到书桌前坐着一个穿着蓝色天鹅绒外套的老人：那老人也是他。他继续缓慢前行，然后在书桌前坐下并转身。床上躺着一个垂死的老人，奄奄一息。鲍曼认出了那个老人，那就是他死亡的瞬间。躺在床上的老人脸上布满了皱纹，他举起颤抖的手臂，试图触摸浮现在他床前的黑色巨石。几番尝试，他仍无法触摸到那块巨石。现在，床上出现了一个胎儿，包裹在一个透明光团中。从某种程度上说，那个胎儿也是鲍曼。背景传来理查德·施特劳斯（Richard Strauss）的交响诗《查拉图斯特拉如是说》（*Also Sprach Zarathustra*）。星孩来到了浩瀚的宇宙，在漆黑的太空中忧郁地注视着远方的地球。

这个场景或许大家都不陌生。由斯坦利·库布里克（Stanley Kubrick）执导、于1968年上映的电影《2001：太空漫游》（*2001: A Space Odyssey*）被认为是电影史上的一座丰碑，它无疑是有史以来最成功的科幻电影之一。主角宇航员鲍曼在成功关闭了杀死其他机组人员的超级计算机"哈尔9000"后，电影进入"木星和超越无限"篇章，鲍曼终于达成了他的任务目标，开启了他在太空尽头的旅程。这段持续约20分钟的著名旅程随着电影的结束而告终。

在库布里克的电影中，宇宙边缘是一个超现实的地方——帝国风格的房间，其中的时空和我们的日常经验截然不同。显然，库布里克并不想对宇宙边缘提供科学答案，但他意识到在更广泛的背景下，我们熟知的某些概念将发生深刻的变化。关于时间和空间的概念应与我们已知的有所不同，否则我们会得出矛盾的结论。

如果说宇宙如何诞生及其最终命运将如何是很自然的问题，那么宇宙的大小也是一个很自然的问题。宇宙是无限延伸的，因此其大小也是无限的？还是说宇宙非常大，但其大小是有限的？如果它的大小是有限的，它在哪里终结？为何终结？有没有可能到达宇宙的边界？

在广义相对论出现之前，科学家和哲学家就已经考虑过有限和无限宇宙的可能性。例如，在公元前4世纪，希腊哲学家亚里士多德（Aristotle）认为宇宙的大小是有限的。根据亚里士多德的说法，地球位于宇宙的中心，其他的行星和恒星都围绕地球不断进行向心运动；宇宙最外面是推动天体运动的原动天，在它之外没有任何东西。相反，中世纪晚期的西方宇宙学假设了一个无限拓展的宇宙。提出该假设的包括奥卡姆的威廉（William of Occam）、尼可罗·库萨诺（Niccolo Cusano）和乔尔丹诺·布鲁诺（Giordano Bruno）。

从严格的理论观点来看，根据广义相对论，无限拓展的宇宙和有限大小的宇宙均是有可能的。这应该没什么值得惊讶，因为实际上广义相对论是一种用于描述时空的相当通用的数学工具。它不能准确地表明我们宇宙的特征，也不是宇宙的理论模型，而只是宇宙的组成部分之一。无限大小的宇宙不难想象：如果我们采用笛卡尔坐标系（x, y, z），这些坐标系的值可以任意大，因此我们可以设想距离原点 $x=y=z=0$ 处任意远的地方没有极限。怀着批判精神，我们可以问自己，真实的事物是否真有可能是无限的，因为根据我们的日常经验，没有什么是无限的。某些物理量可以非常大，但仍然是有限的。无论如何，我们总能够想象无限扩展的事物，正如数学中的数字那样没有极限。

基于我们对空间的感知，有限大小的宇宙不是那么直观，并且更难以形象化。为了简化讨论，我们可以从两个空间维度而不是 3 个空间维度的示例开始。一个有限大小的二维宇宙是一个球体的表面。如果我从一个点开始，并沿着一个精确的方向在球体的表面上移动，永远不改变方向，那么一段时间后我会回到起点。这个宇宙的大小无非就是球面的面积，也就是 $4\pi R^2$，它是个有限的数。

在 3 个空间维度的情况下，我们可以考虑一个笛卡尔坐标系 (x, y, z)，将坐标 $(0, y, z)$ 的点与坐标 (L, y, z) 的点视为一体，再将坐标 $(x, 0, z)$ 的点与坐标 (x, L, z) 的点视为一体，最后将坐标 $(x, y, 0)$ 的点与坐标 (x, y, L) 的点视为一体。在这个例子中，我们的宇宙将是一个体积为 L^3 的立方体，这个立方体似乎是可以无穷大的。和球体表面的情况一样，如果我从一个点开始并沿着一个精确的方向移动，永远不改变方向，我就会回到起点：就像二维空间中的球体表面那样，不存在任何"边缘"并且体积是有限的。我们可以把这个立方体宇宙想象成一个有 6 面虚拟"墙"的房间。如果我穿过其中一面"墙"，我不会离开房间，而是从对面的虚拟墙进入房间。从数学和广义相对论的角度来看，还有更复杂但同样合理的结构。例如，在房间有 6 面虚拟墙的情况下，宇宙可能是这样的：穿过其中一面"墙"，我从对面的虚拟墙进入房间，但之前我认为是天花板的东西变成了地板，相反，我之前行走的区域变成了天花板。对于我们普遍的空间概念来说，这种情况无疑有些古怪，但在广义相对论中它是完全合理的。

我们还可以想象"混合"情况，即一个宇宙中同时存在有限大小的方向和无限大小的方向。如果我们考虑两个空间维度的情况，一个例子是无限延伸圆柱体的表面。如果我在圆柱体表面上的运动与圆柱体的对称轴完全正交，我从一个点开始，我的轨迹是一个圆，然后我将回到起点。另一方面，如果我的速度有一个沿圆柱体对称轴的非零分量，我的轨迹将环绕圆柱体，我将永远不会回到起点。在三维空间有虚拟墙的房间的示例中，就好像房间有一些无限的方向，即没有"墙"的存在，而其他方向的长度是有限的并且有"墙"，可以使我从对面的"墙"重新进入房间。

尽管违反直觉，因为它们与我们在周围看到的几乎平坦且看似无限延伸的时空相去甚远，所有这些可能性在广义相对论中都是完全合理的。至少目前没有任何严肃的理由，可以排除我们的宇宙有这种类型或者甚至更加复杂的结构。

如果广义相对论只告诉我们无限和有限大小的宇宙都是可能的，那么我们可以从根据广义相对论建立的宇宙模型和我们所掌握的天文数据中推导出什么？我们的宇宙是否无限大？

在"比较简单"且只存在普通物质的宇宙模型中（因此不存在我们第 9 章中提到的宇宙常数），宇宙的大小可能可以从宇宙本身的平均能量密度的测量中推导出来。在这些条件下，如果宇宙的平均能量密度高于第 9 章提到的"临界密度",则宇宙的大小是有限的;相反,如果平均能量密度等于或低于临界密度,宇宙将无限延伸。

因此宇宙的大小及其命运之间存在简单的关系:有限大小的宇宙是那些超过临界密度并在一段膨胀期后进入收缩期的宇宙,并以无限密度的奇点状态结束;无限延伸的宇宙则是那些注定将永远膨胀的宇宙。

让我们继续停留在比较简单的宇宙模型中,但现在我们允许非零宇宙常数的存在(这似乎也符合当前对我们宇宙的天文观测的要求)。宇宙的大小及其命运之间不再存在关联关系,但我们仍然可以根据宇宙的局部特性来确定宇宙的大小(有限或无限)。这可以通过测量宇宙的"平均空间曲率"来实现。正空间曲率意味着宇宙的大小是有限的,负或零空间曲率则对应了无限延伸且大小无限的宇宙。何谓宇宙的空间曲率?为了简化讨论,我们避免太深入的技术细节,可以仅限于在二维空间(即一个表面)的情况下来理解宇宙的曲率。如果我们在某表面上画一个三角形,在表面为平面(曲率为零)的情况下,其内角之和将为 180 度;在表面曲率为正的情况下,其内角之和将大于 180 度;而在表面曲率为负的情况下,其内角之和将小于 180 度。三维空间的情况略为复杂,但基本思想是一致的。

这样看来,我们似乎可以测量宇宙的空间曲率。例如,通过研究遥远光源的光线偏转,来推断我们的宇宙是否具有有限或无限的体积(当然,这基于我们的宇宙和最简单的宇宙学模型相匹配的假设)。已经有人对宇宙的平均空间曲率进行了测量,但迄今为止这些测量与零曲率相匹配。同时，这些测量具有不确定性，以至于它们与正空间曲率和负空间曲率都相匹配。所以，非常不幸的是，即使对于最简单的结构，目前的天文观测也无法告诉我们宇宙的大小到底是无限的还是有限的。

一般来说，即使承认可能存在更复杂的宇宙模型，仅对宇宙空间曲率的测量，也不足以确定其体积是有限的还是无限的。我们似乎可以通过观察与宇宙可能存在的有限维度明确相关的现象，来找到这个问题的答案。再次以有 6 面虚拟墙的房间为例，在穿过其中一面"墙"后，我们会发现自己位于房间的另一侧。我们可以从两个可能的方向到达房间中的某个点，我们既可以留在房间内直接前往该位置，也可以穿过虚拟墙，从另一侧前往目标位置。

鉴于我们的宇宙所涉及的距离，显然我们无法进行星际旅行并亲自进行此类实验。但是，我们可以考虑更容易实现的情况，如所谓的"鬼影"。我们可以试想一个远离我们的非常明亮的物体，如一个非常明亮的星系。在一个至少存在一个有限空间维度的宇宙中，我们应该可以在天空中看到同一星系的两个图像。第一个图像源自从星系出发并通过"最短"路径到达我们的光，第二个图像则源自以相反方向行进并以"更长"路径到达我们的光。事实上，我们甚至可以观察到同一星系的多个图像。继续以有 6 面虚拟墙的房间为例，其中每一面"墙"都对应着房间中对面的"墙"。实际上，这个房间是无限重复的。我们可以在每面虚拟墙看到我们的图像——仅穿过墙壁 1 次的一次图像，穿过墙壁 2 次的二次图像，穿过墙壁 3 次的三次图像，依此类推。

在空中寻找"鬼影"主要是通过研究"宇宙背景辐射"来完成。宇宙背景辐射代表宇宙诞生约 40 万年后产生的原始辐射，当时由于宇宙的膨胀和随之而来的冷却，质子和电子结合形成中性氢原子（即所谓的"再复合"，尽管这个词可能会产生误导，因为在此之前宇宙中的质子和电子从未结合在一起）。这种辐射在几乎不受干扰的情况下旅行了近 140 亿年，是目前从最遥远处抵达的辐射，因此它是观察有限维度宇宙相关影响的最佳选择。在"再复合"时期，宇宙还很年轻，恒星或星系等结构化系统尚未形成。我们在空中看到的宇宙背景辐射只能表明曾经存在密度较大、温度较高的区域，以及密度较小、温度较低的区域。在宇宙背景辐射中寻找"鬼影"，意味着试图在空中找到同一高温区域或同一低温区域的两个或更多图像。

目前宇宙背景辐射中没有已知的"鬼影"，也没有其他来源的"鬼影"。这并不意味着宇宙无限大，而只能说明它非常大。光以有限的速度传播，宇宙大约有 140 亿年的历史。"可见"宇宙是指我们周围宇宙的可见区域，在这 140 亿年中其发出的辐射已经成功抵达了地球。可见宇宙以外是离我们非常遥远的区域，以至于我们无法看到它们。但由于可见宇宙的大小在不断增加，未来这些区域也将成为可见宇宙的一部分。（实际上，在存在宇宙常数的情况下，宇宙将加速膨胀，那么情况就会更加复杂，但我们在此处可以将问题简单化。）

总而言之，从我们现有的天文观测来看，我们可以说宇宙无疑是非常大的。它可以无限延伸，因此具有无限的大小，它也可以具有有限的大小。在第二种情况下，它必然大于可见宇宙，其半径约为500亿光年，因为我们没有"鬼影"的证据。值得注意的是，500亿光年比简单地将宇宙年龄乘以光速得出的140亿光年还要大，由于宇宙正在膨胀的事实也被考虑在内，因此即使瞬时速度永远不会高于光速（正如爱因斯坦所假设的那样），电磁信号也可以到达更远的距离。

结论

我们的宇宙是无限延伸的，因此其大小是无限的吗？还是说，宇宙的延伸范围有限，因此其大小是有限的吗？基于我们对空间的直观概念，这两个答案都无法完全说服我们。一方面，我们很难接受真实存在的事物是无限的；另一方面，有限大小的空间需要符合一些有悖于我们日常生活中所习惯的特性。从爱因斯坦广义相对论的角度来看，这两种答案都是可能的。人们已经进行了一系列直接或非直接的尝试，以期寻找问题的答案。但就目前掌握的数据来看，我们依然没有一个准确的答案。假如宇宙大小是有限的，它必然大于可见宇宙，因此其半径应大于500亿光年。

11 引力波

　　"呼叫'环冥王星三号'空间站，这里是'Gsd-Tau号'巡洋舰，我是指挥官林德利（Lindley），请确定是否收到我的紧急呼救信号。"被未来感十足的墙壁和闪烁的灯光所包围的控制室中，正在收听广播的两人惴惴不安地望着彼此。林德利继续说道："我们失去了能量和领航，正遭遇一场极度恐怖的光暴。"两人中的瓦姆斯勒（Wamsler）将军先按捺不住了，惊呼道："'Tau号'巡洋舰，我的天啊，太可怕了！你知道谁在'Tau号'上吗？维拉（Valar）上校和他军团中的8名军官。"麦克莱恩（Mclain）少校一脸惊愕。瓦姆斯勒皱了皱眉，双手叉腰："我想这不可能……"林德利的求救声再次响起："距离戈登空间站492，我们已无路可逃。我从未见过这么大的光暴！"

　　镜头转向林德利、维拉和另一名军官，他们正颤抖着靠在仪器上。"还是我，指挥官。我们正处于绝望的境地。所有的能量被阻断了，我们无法离开这里！"维拉补充道："林德利，这不是光暴，而是快速交替发散的引力波！"林德利继续说道："控制系统毫无反应……"飞船开始左右摇晃，他们只能竭尽全力维持平衡。四周一片嘈杂。飞船片刻重整旗鼓。林德利说道："除了转移到救生艇上，我们别无退路。"维拉上校再次质疑他的决定："去救生艇上？这无异于自寻死路。"两人各执己见，林德利决定乘坐救生艇离开。周围的光芒越来越强烈，宛如闪电云团般投射在他们身上。年长的维拉上校英勇地决意坚守阵地："我不会离开飞船的，除非飞船传递出交替动态场的信息，这很关键。"紧张形势再度升级。满头大汗的林德利面向维拉上校："上校，请您三思，我们必须要走了。"维拉上校瞪大双眼："我们必须告知地球，这也有可能是外星人的攻击！马上发讯息！"林德利不耐烦地转过身，消失在舱门中："您自个儿发吧！"维拉和军官一起回到了驾驶室，启动与地球的通讯，激动地说道："我是维拉上校。我几乎可以肯定'Tau 号'陷入了反重力场的中心。请回答！听着，这至关重要。这不是普通的光暴，而是快速交替的引力场，类似于麦克莱恩之前遇到的那种。不排除是外星行动。我们被迫前往救生艇，在绝望中自救。"通讯戛然而止。难道他们已经被外星人用引力波摧毁了吗？

《宇宙飞船猎户座的奇妙冒险》(*Raumpatrouille: Die Phantastischen Abenteuer des Raumschiffes Orion*) 是一部德国科幻电视连续剧。该剧共 7 集，1966 年 9 月 17 日由德国广播电视联合会在德国首播，正好是《星际迷航》在美国首播的 9 天后。这部神剧是德国人企图在 20 世纪 60 年代科幻作品中争夺一席之地的尝试，剧中用塑料杯制成的灯泡、无尽的对话和剧本的漏洞略显有些笨拙，但这并不影响这部剧风靡一时。这部可爱又幼稚的电视剧在德国受到追捧，后被瑞士电视台在瑞士的意大利语区转播，70 年代由意大利国家电视台转播（放到现在来看，意大利语配音能让观众在 10 秒钟后出戏）。可能当时已经错过最佳时机，该剧在意大利反响平平（1968 年电影《2001：太空漫游》已经上映）。

该剧情节简单易懂。我们已经来到 3000 年左右，地球人和"青蛙"之间发生冲突，"青蛙"是一种拥有超先进技术的外星物种，它们对摧毁我们的星球有着神秘的兴趣。麦克莱恩是"猎户座"快速巡洋舰的指挥官，他在船员们的帮助下，多次拯救地球免于灭亡。为了完成任务，他总是被迫违背上级的命令，甚至多次导致飞船的摧毁。在"青蛙"的武器库中，有一种"快速交替发散的引力波"。虽然地球人从未真正了解这种引力波会引发的后果，但其危险性无疑不容小觑。

引力波也是那个年代许多其他科幻作品的主角，尽管作品中对它们的描述不具有很大的科学性。其中一个例子是美国作家拉里·尼文（Larry Niven）的科幻小说《环形世界》（*Rimworld*，意大利语译为《傀儡师》）。小说发表于 1970 年，在当时广受好评，获得了一些文学奖项。故事发生在 2850 年，主角路易斯·吴（Louis Wu）迎来他的 200 岁生日，由于抗衰老药物的发明，他处于极佳的身体状态。在厌倦了人类社会后，路易斯加入了一项史上最大胆的星际冒险，探索环形世界并发现其中可能存在的危险。环形世界是一个绕恒星转动的环形人工天体，其直径与地球轨道的直径相似。在环形世界中，引力波被用于实现宇宙中彼此相距很远的点之间的快速移动，但小说中未对其原理进行解释。

引力波也出现在本书中已多次提到的电影《星际穿越》中，

在这部电影中引力波起到更关键的作用。当库珀进入黑洞并发现自己位于超级立方体中时，他用来向女儿墨菲传递她所需的量子数据的工具正是引力波。不过影片本身没有提供这些引力波如何产生并如何在五维和四维空间中传播的相关细节，为不同的诠释留下了广阔的空间。

自 2016 年 2 月引力波首次被宣布直接探测以来，报纸和电视便对引力波进行了大篇幅的新闻报道。引力波也零星出现在科幻小说和电影中，但对引力波的应用总是有些模糊和混乱，以至于产生了一些关于引力波的错误神话。或许正是它们模糊的本质，才使其显得充满了不可能。引力波到底是什么？如何产生？它们可以用来实现宇宙间的穿梭吗？它们可以被用作类似地球邪恶敌人发出的死亡射线吗？它们能否在时空的不同区域之间传输信息？

在讨论引力波之前，我们可以先了解一下什么是电磁波以及它们是如何产生的。一般来说，电磁波无非就是以有限速度传播的电场和磁场——如果我们在真空中，电磁波则以真空中的光速传播，否则将以稍慢的速度传播。电磁波是电荷加速运动的产物。如果我们考虑如电子、质子或原子等单个粒子，那么光子（构成电磁波的粒子）是由电磁相互作用产生的。这里的相互作用包括带电粒子之间的碰撞或原子能级的跃迁（其中电子从更高能层跃迁到另一更低能层，并释放一个光子）。可见光无非就是一种具有精确频率的电磁波，具体而言，其频率介于（430～770）太赫兹之间（1 太赫兹 =1 000 000 000 000 赫兹），或者就辐射波长而言，介于（380～740）纳米之间（1 纳米 = 十亿分之一米）。

引力波类似于在引力背景下的电磁波。如果说电磁波来自电荷的加速运动，那么引力波就来自大质量物体的加速运动，或者更普遍来说，是来自空间中能量分布的变化。这样说来，引力波的产生似乎极其简单：我们通过移动，也可以产生引力波。然而，在现实中由于引力非常微弱，要产生强到足以被测量的信号绝非易事。地球和其他围绕太阳旋转的行星，作为加速物体，也可以产生引力波，但信号极度微弱，因此基本上无法进行测量。至少以现有以及不远的未来内可使用的仪器，无法对其进行测量。

有些天体系统可以产生对地球上的我们而言也足够强的信号。一个例子是由两个接近碰撞的黑洞构成的双星系统。一般来说，双星系统是由两个距离很近的天体构成的系统，天体之间相互的引力使得它们围绕同一个中心旋转。由于两个天体的运动，系统会发射引力波，但通常信号十分弱以至于无法被观测到。引力波的发射使得系统逐渐失去能量，两个天体靠得越来越近，轨道速度和引力波的发射随之增加。该过程可能需要很长时间，但最终两个黑洞将非常靠近彼此。在两者并合之前，会释放出足够强以至于可以被观测到的信号。

"黑洞 – 中子星"和"中子星 – 中子星"双星系统可以产生较弱但仍可被观测的信号。值得注意的是，电磁波和由天体系统产生的引力波之间有一个重要的区别：电磁辐射是由许多粒子的电磁相互作用产生的，每次相互作用都相互独立。恒星发出的光无非就是恒星表面粒子之间碰撞的结果，在这种情况下，电磁波的波长通常很小或非常小，因为产生这种辐射的系统（对应一个原子或亚原子粒子）很小。然而，在引力波的情况下，是黑洞本身加速并产生了引力波，而不是系统的微观成分产生了引力波。也就是说，引力波是由比原子大得多的系统产生的，它的波长也因此更长。所以，由天体系统产生的引力波频率要低得多，只有几千赫兹甚至更低。

早在 1893 年，即狭义相对论提出前 12 年，英国物理学家奥利弗·赫维赛德（Oliver Heaviside）就已经假设引力波的可能存在。他的假设仅基于电荷之间的电力和质量物体之间的引力两者的类比。他的想法很简单：在 19 世纪末，人们已经发现了与电磁力相关的电磁波，而两个静电荷之间的力的公式与两个静态质量物体之间的力的公式具有完全相同的形式。赫维赛德由此推论，正如电磁波存在一样，引力波也一定存在。显然，赫维赛德的假设纯属猜想，因为当时引力相互作用是用牛顿引力来描述的，而牛顿的理论未预测引力波的存在。然而，在 1915 年底广义相对论提出之后，爱因斯坦发现他的理论可以预测引力波的存在。关于引力波是否真实存在的争论持续了很久，人们无法明确判断引力波到底是坐标系选择的产物，还是真实的物理现象。直到 20 世纪 50 年代，科学界才开始相信引力波的真实性。

探测引力波的最早尝试可以追溯到 20 世纪 60 年代。马里兰大学的物理学家约瑟夫·韦伯（Joseph Weber）建造了第一个探测器。为了理解如何观察引力波，我们有必要知道引力波的通过会对物质产生何种影响。在广义相对论中，引力波的通过使长度在垂直于波的传播方向的方向上延伸，并使长度在另一个正交于该方向且同样垂直于波的传播方向的方向上收缩。如果有一个引力波从我的前面或后面穿过,我就会开始振荡,变得越来越高、越来越窄,然后越来越矮、越来越宽。而在平行于波的传播方向的方向上,长度不会发生变化。

与观察相关的数量被称为"应变",通常用字母 h 表示。如果我们监测两点之间的距离 L,且引力波的通过产生它们之间距离的变化量为 ΔL,则应变为 $h=\Delta L/L$,即距离的相对变化量。这基本上就是引力波探测器的工作:它们监测两个(或更多)点之间的距离,并试图测量由于引力波的通过,应变 h 如何随时间发生改变。

"直接"观测引力波绝非易事。一个简单的例子可以说明从技术角度观测它们有多么困难:地球的半径约为 6 400 千米;一个典型的引力波可以预期由一些相对较近的天体系统产生并且可以穿过地球,导致地球半径发生 10^{-13} 厘米的变化。这基本上是一个质子的大小(也就是说,比原子小 100 000 倍)。所以,引力波探测器必须能够在地球半径数量级的长度上测量质子大小数量级的变化。毫无意外,达到这种测量水平的技术直到今天才存在,而如今距离预测引力波的存在已经过去了大约 100 年。

韦伯在马里兰大学制造的探测器由一个 2 米长的铝质圆柱组成,如果引力波的频率跟铝柱的共振频率一致,便会引起它的收缩和拉伸效应,将这种效应通过传感器进行放大后输出,从而实现观测引力波的目的。韦伯宣称用他的探测器观测到引力波的通过,但如今人们认为当时他观测到的并非引力波的信号,因为这位美国科学家制造的探测器的灵敏度不足以观测天体物理源产生的引力波。

第一次对引力波的"间接"观测发生在 1970 年至 1980 年间。1974 年，美国天体物理学家拉塞尔·艾伦·赫尔斯（Russell Alan Hulse）和约瑟夫·胡顿·泰勒（Joseph Hooton Taylor）发现了一个由两颗中子星组成的双星系统（现在称为"PSR1913+16"），其中一颗对地球表现为"脉冲星"。脉冲星是中子星的一种，具有很强的磁场，从它的磁极区会发出一束细小的电磁辐射。只有当地球刚好在这束辐射的方向上时，我们才能接收到辐射。随着中子星的自转，每转一圈，这束辐射就扫过地球一次，也就形成了我们接收到的脉冲信号（"脉冲星"就是因此得名）。就像大海中的灯塔一样，只有当灯塔的光照向我们时，我们才能看到它。脉冲星有一个有趣的特征，就是它的自转极度规律，因此可以被用作一个非常精确的时钟，是检验广义相对论的理想实验室。

如同所有双星系统，"PSR1913+16"会发出引力波。"PSR1913+16"发射的引力波很弱，因此我们无法在地球上用测量引力波通过而导致距离变化的探测器对其进行直接观测。然而，"PSR1913+16"发射的引力波强度足以使双星系统的轨道周期发生微小的变化。由于两颗中子星之一是脉冲星，因此可以对双星系统的轨道周期进行非常精确的观测，测量其衰变并证实结果与广义相对论的预测完全一致（根据广义相对论，引力波的发射会导致双星系统轨道周期的衰变）。所以，我们称之为对引力波的"间接"观测：我们观测到了一种引力波发射所造成的现象，而不是用探测器直接测量引力波的通过。由于"PSR1913+16"双星系统的发现，赫尔斯和泰勒荣获了 1993 年度的诺贝尔物理学奖。

继20世纪60年代韦伯探测器之后，在90年代随着技术的发展，出现了新一代的谐振棒。其工作原理和韦伯棒非常相似，但其灵敏度得到了很大的提升。自90年代后期以来，用"激光干涉仪"探测引力波成为了主流。从激光干涉仪发出的激光束，会被分为互相垂直的两路。两束光被反射镜反射后，返回分离点。通过两束光的干涉变化（因此该仪器被称为"干涉仪"），我们可以监测由于引力波通过而导致的激光束分离点与反射镜之间长度的可能变化。我们所说的干涉是指两束激光束（实际上就是电磁波）的叠加，得到的结果是和产生它的电磁波差不多强的电磁波。

2016年2月，美国激光干涉引力波天文台（LIGO）项目宣布首次直接探测到引力波。该项目由两台激光干涉仪组成，分别位于华盛顿州（美国西北部）和路易斯安那州（美国东南部）。观测到的事件被称为"GW150914"，因为它是由2015年9月14日观测到的引力波的通过产生的（"GW"为引力波英文"gravitational wave"的缩写，"150914"是遵循年月日惯例写法的时间）。"GW150914"是由两个分别为约36倍太阳质量和29倍太阳质量的黑洞碰撞产生的。两者碰撞形成了一个约62倍太阳质量的黑洞，而约3倍太阳质量被转化成引力波。引力波通过的观测只持续了0.2秒，因此只能测量两个黑洞碰撞之前和之后不久发出的引力波。

继"GW150914"之后，其他事件被陆续观测到。其中一个特别重要的事件是于2017年8月17日观测到的"GW170817"。

"GW170817"不是由两个黑洞的并合产生的，而是出自两颗中子星的并合，是人类首次观测到的该类事件。该事件的观测意义非凡，并代表了天文物理学史上的一座里程碑，它有以下两个原因。首先，它解开了所谓的"短伽马射线暴"之谜。伽马射线暴（来自英文"Gamma Ray Burst"）是宇宙中已知的最亮的电磁辐射现象。它们作为天空中的闪光被观测，主要集中在伽马射线波段，但发射的辐射覆盖了整个电磁波谱。伽马射线暴是20世纪60年代后期由美国核爆炸探测卫星"船帆座号"意外发现的，其任务原是监视苏联可能违反1963年《禁止核试验条约》开展的核试验。第一次伽马射线暴于1967年被观测到，但关于伽马射线暴的首批观测资料直到1973年才发表，正是因为"船帆座号"卫星的任务具有军事性质。不同的伽马射线暴之间差异很大，它们的持续时间通常从几毫秒到几十分钟不等。伽马射线暴通常可以分为两类：持续时间少于2秒的称为"短伽马射线暴"，持续时间超过2秒的称为"长伽马射线暴"。一般来说，伽马射线暴是非常罕见的事件，但由于它们的能量非常高，即使它们在很远的地方也能被看到。目前现有的伽马卫星平均每天探测到一次伽马射线暴。在已被观测到的伽马射线暴中，离我们最近的伽马射线暴发生在距离地球约1亿光年处，也就是说，在我们的银河系之外，发生在遥远星系。假设今天银河系中发生伽马射线暴，且其辐射直接射向地球，那么它将对地球的生态系统造成严重后果，因为地球的大气层不足以抵抗此类辐射。

长伽马射线暴发生在恒星迅速形成的星系中，通常与超新星事件有关，因此毋庸置疑，它们是与大质量恒星死亡有关的事件。当大质量恒星耗尽所有核燃料并在引力的作用下坍缩，结果是毁灭性的——将发生一次长伽马射线暴并形成一个黑洞。长期以来，短伽马射线暴的起源一直是一个备受争议的话题，直到通过对"GW170817"事件的观测，真相才浮出水面。短伽马射线暴来自低恒星形成率区域，这排除了它们与大质量恒星的关联性（大质量恒星的寿命很短，因为恒星内部强大的压力会使得核燃料快速燃烧直至耗尽，因此它们必然位于恒星形成区域）。"GW170817"是被观测到的两个中子星并合产生的引力波事件。1秒多钟后，短伽马射线暴"GRB170817A"被观测到（"GRB"是伽马射线暴英文"Gamma Ray Burst"的缩写；"170817"指观测日期，命名规则同引力波；字母"A"用于区分同一天内发生的不同事件）。引力波和伽马射线这两个观测结果证明了短伽马射线暴与双星系统中的两个中子星的碰撞有关。这长期以来一直是短伽马射线暴成因的可能解释之一，但在此之前没有任何观测结果可以证实这种解释并排除其他假设。

　　"GW170817"事件之所以意义非凡，还有第二个或许更为主要的原因——它是"多信使"天文学中的里程碑事件。多信使天文学通常以英文"multi-messanger astronomy"表述，是指对特定天体物理现象多类型信号数据的观测和解释。在"GW170817"事件中两个中子星并合的情况下，该事件被引力波激光干涉仪观测到之后，伽马射线卫星紧接着对其进行了观测。不仅如此，伽马射线暴随后发射出波长比它更高的电磁波（因此与能量更低的光子相关），如X射线、紫外线、可见光、红外线和无线电辐射。该辐射实际上是由我们的天文仪器根据相应的波长所观测到的。两颗中子星的碰撞也可能产生中微子的发射，中微子是一种不带电、质量非常小且与其他粒子相互作用较弱的亚原子粒子。虽然散布在地球上的中微子探测器没有观测到来自"GW170817"的中微子相关事件，但如果未来两颗中子星的并合可以产生足够大数量的中微子，且产生源离我们不太远，我们也可以获取中微子探测器的数据。

显然，用更多不同性质的数据研究某个天体物理系统或现象可以释放无限潜力。如果没有观测到两颗中子星并合产生的引力波，由于不同模型的电磁光谱依然太过类似，我们无法仅凭电磁观测判断短伽马射线暴的真正起源。

在"GW150914"观测事件之前，只有在特定类型的双星系统中才能研究恒星质量的黑洞。这种特定类型的双星系统必须允许黑洞至少在一段时间内拥有吸积盘，而这类系统极为罕见。事实上，自20世纪70年代初第一个恒星质量黑洞——"天鹅座X-1"被发现以来，我们只发现了约25个可以对黑洞质量进行相对可靠测量的双星系统。即使算上那些我们没有对其质量进行动态测量的候选黑洞，我们发现的系统仍少于100个。如今借助引力波探测器，每隔几天都有新的系统被观测到，从而迅速增加了已知来源的数量，使我们能够更好地研究宇宙中恒星质量的黑洞群。

那么，我们在未来对引力波的观测有何期待？还有哪些潜在的发现？当然，作这种类型的预测总是非常困难的，因为每次我们开发了研究宇宙的新工具后，几乎总能发现我们以前甚至都没有想到的现象。我们可以简要讨论一下关于引力波观测的近期战略及预期。

迄今为止，我们观测到的引力波均来自具有恒星质量黑洞或中子星的双星系统（即直径约为 100 千米的系统）。除此之外没有别的可能，那是因为目前的激光干涉仪只能观测频率在几赫兹到几千赫兹之间的引力波，正如本章前面所提到的，天体物理系统发射的引力波频率与天体物理系统本身的大小直接相关。目前激光干涉仪只能捕获来自直径约为 100 千米的双星系统产生的引力波信号。

观测来自含有超大质量黑洞的系统发出的引力波需要对低频引力波敏感度高的仪器，这是因为发射辐射的系统更大。然而，建造能够观测较低频率引力波的地面激光干涉仪是不可能的，主要障碍来自无法消除的地震对测量的干扰。随着技术的发展，我们可以改进现有的激光干涉仪对恒星质量黑洞和中子星产生的引力波的测量，但我们似乎无法观察到更低频率的引力波，如超大质量黑洞发射的引力波。

太空或许能为我们提供解决方案：用人造卫星在太空中创建一个激光干涉仪，并监测这些卫星之间的距离以探测引力波的通过。目前太空中还没有激光干涉仪，但已有不少国际合作计划预期在未来几年内完成该目标。这样的仪器将能够观测今天尚无法研究的来源产生的引力波，主要是两个数百万太阳质量的黑洞的碰撞以及由一个围绕数百万太阳质量的黑洞运行的致密物（恒星质量黑洞、中子星、白矮星）产生的引力波。因此这些实验将使引力波可被用于研究银河系中心的超大质量黑洞，而目前我们只能用引力波研究恒星质量的黑洞。这些太空中的激光干涉仪似乎也有望对广义相对论进行新的测试。

那么，在电影、小说和电视剧中关于神秘引力波的科幻启示，有什么是值得借鉴的呢？

在《宇宙飞船猎户座的奇妙冒险》中，"青蛙"用"快速交替发散的引力波"产生出足以战胜目标物体凝聚力的膨胀作用，从而摧毁人或物体。虽然该机制在原理上是有效的，因为物体的膨胀和收缩正是引力波通过产生的效果，但至少根据我们目前对引力波的了解，这似乎并不是最容易建造的武器类型。产生引力波需要承受强烈加速的大而致密的物体，正如我们在两个接近碰撞的黑洞系统中发现的那样。因此制造出一种尺寸和成本合理、可以发出强大到足以摧毁某物的引力波武器，似乎很难想象。

在小说《环形世界》中，引力波被用于星际旅行（小说中并未说明具体以哪种方式）。引力波的确可以用来收缩旅行者面前的空间，非常遥远的东西可以变得近在咫尺。但问题在于，需要某种结构复杂的机器来避免引力波可能造成的危险。如果没有这种机器，很有可能在星际旅行尚未开始之前，周围的一切就已被摧毁。

在电影《星际穿越》中，超级立方体中引力波的使用似乎参考了某些理论模型。根据这些模型，引力波能够沿着时空的所有空间维度传播（这里的空间维度应多于我们在周围看到的 3 个维度），而其他一切都将"局限于"我们已知的 3 个空间维度（见第 3 章）。从理论上来看，这似乎是合理的，通过这种方式，我们可以从黑洞中释放信息。因为实际上结构会更加复杂：我们将不会像那些被局限在 3 个空间维度中的观测者那样，只能看到黑洞。

结论

引力波类似于在引力背景下的电磁波。一般来说，任何加速的物体都可以产生引力波，但足以被观测到的引力波必须由极端剧烈的现象产生，如两个黑洞的碰撞。尽管爱因斯坦在 1916 年就预测到引力波的存在，但由于技术的匮乏，对引力波的直接观测只是在近几年才得以实现。2016 年 2 月，美国激光干涉引力波天文台宣布首次直接观测到引力波。报纸和电视等对该事件进行了大篇幅的新闻报道，为观察和研究我们的宇宙提供了一个新的窗口，具有非凡的意义。

由于引力与物质的相互作用非常微弱，因此它们似乎不是制造类似《宇宙飞船猎户座的奇妙冒险》中毁灭性武器的最佳选择。虽然从原理上来说，引力波的确可以摧毁被击中的人或物体。

图书在版编目(CIP)数据

穿越不可能:黑洞与时空旅行/(意)卡西莫·斑比(Cosimo Bambi)著;杨溢译. —上海:
复旦大学出版社,2024.3
书名原文:Impossible Is Nothing
ISBN 978-7-309-16626-2

Ⅰ.①穿… Ⅱ.①卡… ②杨… Ⅲ.①黑洞-研究 Ⅳ.①P145.8

中国版本图书馆 CIP 数据核字(2022)第 215204 号

Niente è impossibile:Viaggiare nel tempo, attraversare i buchi neri e altre sfide scienti-
fiche / by Cosimo Bambi / ISBN-13:978-8842826941

Copyright ©️ ilSaggiatore S. R. L., Milano 2020

上海市版权局局著作权合同登记号 图字 09-2022-0761

穿越不可能:黑洞与时空旅行
(意)卡西莫·斑比(Cosimo Bambi) 著
杨 溢 译
责任编辑/梁 玲
封面设计/路 静

复旦大学出版社有限公司出版发行
上海市国权路 579 号 邮编:200433
网址:fupnet@fudanpress.com http://www.fudanpress.com
门市零售:86-21-65102580 团体订购:86-21-65104505
出版部电话:86-21-65642845
上海盛通时代印刷有限公司

开本 890 毫米×1240 毫米 1/32 印张 4.25 字数 88 千字
2024 年 3 月第 1 版
2024 年 3 月第 1 版第 1 次印刷

ISBN 978-7-309-16626-2/P·19
定价:39.00 元